根雕工艺

路玉章　路国瑞　著

中国林业出版社

内容提要

《根雕工艺》是艺术创作的工艺技法，顺其根雕艺术之渊源；根雕艺术之创作；根雕作品的分类与作品名称；工具与创作工艺；作品的名称与研究；并汇集了诸多山西根雕艺人的优秀作品，图文并茂地展现给了社会。

本书注重实用，亲历、亲见、亲闻的工艺与艺术理论的创作。对根雕文化的研究，满足根艺爱好者的鉴赏与制作，是一本难得的好书。

图书在版编目（CIP）数据

根雕工艺 / 路玉章, 路国瑞著. -- 北京 : 中国林业出版社, 2017.5

中华木作经典出版工程

ISBN 978-7-5038-8840-3

Ⅰ. ①根… Ⅱ. ①路… ②路… Ⅲ. ①根雕－技法(美术) Ⅳ. ①TS932.4

中国版本图书馆CIP数据核字(2016)第314275号

中国林业出版社·建筑分社

责任编辑：樊 菲 纪 亮

出 版：中国林业出版社
（100009 北京西城区德内大街刘海胡同7号）
网 站：http://lycb.forestry.gov.cn
印 刷：北京利丰雅高长城印刷有限公司
发 行：中国林业出版社
电 话：（010）8314 3610
版 次：2017年5月第1版
印 次：2017年5月第1次
开 本：1/16
印 张：7.5
字 数：200千字
定 价：68.00元

序

《根雕工艺》一书讲的是艺术创作的工艺方法。根之神奇，根之天成，根之多变，根之韵律，是艺术创作的天然物质基础。工，是制作的工具、功夫及其步骤。工具的运用，全面与合理，有技术和功夫便可以心想事成。解决怎样干的问题，步骤是保证能不能顺理成章达到精的制作方法。工好增添了艺术创作的鉴赏美，与创作的融合形成了工艺美。由此，本书以根雕工艺定名。

有的人讲："艺术是先艺后工，工艺是先工后艺"。实际上，"工"和"艺"是不能分离的，是一个统一体。书法家、名画家，都是从模仿练功到创作形成的。从艺术的美好物化形象表现出"功"与"工"的文化内涵，叫艺术家。工匠经过模仿、制作、练功到创作形成，精美的工艺同样可以形成美好的物化形象。也有"功"与"工"的文化内涵。因为行业不同，好像工匠就低人一等，好像艺术就高于工艺，这是错误的。根雕也不例外。根雕的自然天成，主要是"先艺后工"出现的；但是，往往自然天成根材，多数"先工后艺"，也又会出现比"先艺后工"更美的造型。由此艺术与工艺既有区别，又是相互融合发展着的统一体。

本书追寻根雕艺术之渊源，求知根雕历史的趣谈；畅谈根雕艺术之创作，求知创作的构思与想象；总结根雕作品的分类，归纳基本制作的种类；列举工具与创作工艺，解决工具与步骤的问题；解析作品的名称与命名，作为创作者的启发与参考；并汇集了诸多山西根雕艺人的优秀作品，图文并茂地展现给了社会。

笔者注重实用艺术，本书是自己曾制作亲历、亲见、亲闻的工艺与艺术理论的实践创作的总结。对于根雕文化的研究、满足根艺爱好者的鉴赏与制作来说，这应该是一本难得的好书。不足之处，希望读者提出宝贵的意见。

路玉章

目 录

教学谈

根　雕　工　艺

第一章

根雕教学谈

根雕融入艺术教育培训中，教学要因材施教，融德育、教育于一体，让学习者较在短时间内，愿学，愿干，愿动手，有收获。教师要正确解决根雕创作理论教学课程与技能实训的联系，而且需要以高层次的认知引导学习者的学习与创作。以艺术创作的人格魅力做好传帮带，以情感感悟学习者，以技艺传授学习者，以设计帮助学习者，以行为激励学习者。

根雕技艺传授的过程同样是启发的过程，引导的过程，指导的过程，传授知识与技术实践的过程。这样以德为先，以艺指导，以技训练，紧密结合，让学习者明确学什么，怎么实践，服务于社会中使学习者加倍受益。

根雕理论学习与技术传授为一体的技能培训方式，总体以三分雕琢，七分天成为主旨；但为保证实际创作设计基础的高端水平，也可以七分雕琢，三分天成。

根雕是一种巧夺天工的创作艺术，它吸取了中国历史文化艺术美的营养，把大自然中的各种根料，经过材料选择与组合，进行艺术刻画，能够形成各种具象与抽象的艺术作品。取其势而观其神，是这种艺术的特点。

山西的根雕大料较少，但是地处太行山与吕梁山脉的根雕创作有自己的地域特征。我在山西林业职业技术学院的雕刻艺术与家具设计专业授课时，带领学生依据学校现存的一些小型根材根料，以实用艺术为创作思路，艺术理论与实训相结合，通过刮光、组合、成型、雕磨、喷涂、抛光、打蜡等程序，分组制作了多个根雕作品，成为兼具诗情画意、实用艺术及独特生命力的艺术作品。

花架（图 1-1）：由温瑞荣等 4 名学生，用一种山西的槲荆根制作。用三根根材组合造型，保持了实用艺术的稳定性、实用性。整体造型，智者见智，仁者见仁。三根根材随势组合后形如一体，配以花盆，可以丰富室内陈设的环境气氛。以“天人合一”的境趣，实现自然天成与意象创造的偶然与必然。

花架（图 1-2）：由邵娟等 4 名学生，用一种山西的黄荆木根材创作的作品。运用根块与直曲根的形状组合，整体造型流畅自然，虽然曲根造型个别地方稍显

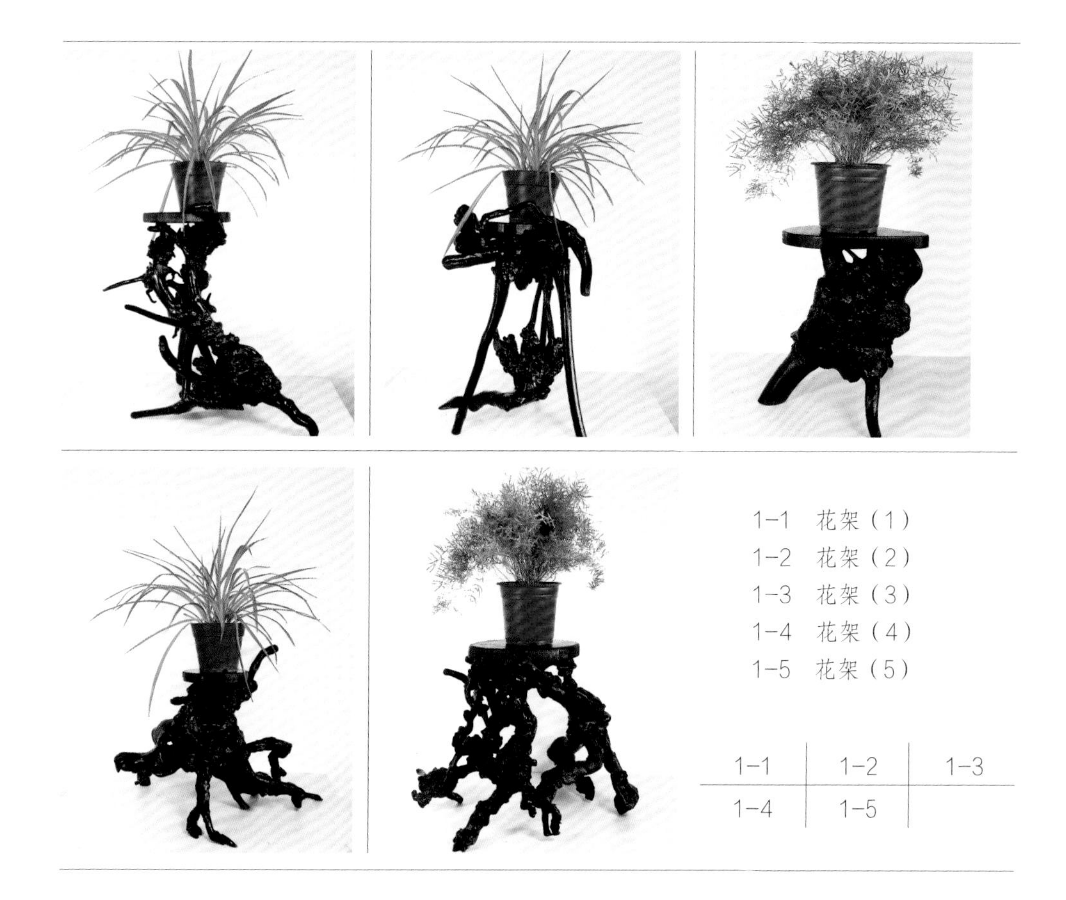

1-1　花架（1）
1-2　花架（2）
1-3　花架（3）
1-4　花架（4）
1-5　花架（5）

1-1	1-2	1-3
1-4	1-5	

乱中不足，但是，整个花架的气势优美。学生以实用创作内容和艺术形式的构思，基本得到了美观与实用的协调统一。

花架（图 1-3）：由安鹏飞等 4 名学生，用山西的两根黄荆木组合，以一根根材上同一平面的三个点构成稳定的结构，单调的三条腿中，连接一根根材的动势，造就了空漏交合的艺术形态，作为室内陈设，给人一种根艺文化绝一的形象美。

花架（图 1-4）：由杨保国等 4 位同学制作，选取基本同类型的三根根材组合，根材间互为相交，线、块、孔的组合体现了创作方法的“材美工巧”，虽说花架根部有点阔的感觉，但不失为一件体现自然意境中“寻奇觅美”的艺术品。

花架（图 1-5）：由史良等 4 名同学制作，形似一个老顽童，肩头和头顶是靠是举，盼望的是动是静，默默祈祷着自然美，给人以诗情画意的艺术思索。苍劲自然的身材似倚似走，让观赏者直接感受到作品的虔诚的创作态度和生活的精神文化。

根雕创作，包括内容和形式，这是统一体中不可分割的两个方面。学生在理解创作的内容和形式中，相应地完成了根雕的具体作品。

山西山多水少，如果说南方和东北的根雕中多见大型作品，那么，山西的根雕作品中大部分尺度小些。根材的自然神奇，显得格外耀眼，表现了太行、吕梁二山根材独特的地域风格。

根雕怎样创作，创作什么？其内容是构成创作要素的总和。教师根据根雕材质的“天趣野味”和自然美艺术的特点，组织学生把自然美运用到实用美的创作中，引导学生把握自己的审美思想与设计情感。

学生创作一件根雕作品时，首先是对根材造型的选择，并思考做什么，怎么做，或是进行怎样的艺术渲染。例如,好多学生的作品，利用自己对木雕、木结构组合，与自身涂饰的实训能力特长，以实用艺术为出发点，创作出了很多有价值的艺术美来，包括抽象与具象的根雕作品（图 1-6 ~ 1-9）。

根雕创作的内容有时也有不明确的表现，即所谓的“含混性、多义性”，有时往往把作品的表现内容退到第二位，把作品的审美性质提到第一位。创作中指导学生用心去感受作品线条、根块的组合，以抽象或是具象的符号表达创作的主观精神。

根雕的表现内容包含着相应的形式，形式是构成事物要素的结构显现方式。“形”指构成根雕的自然原始状态、人工雕刻状态，就是“三分人工，七分天成”的外在美。“式”指根雕内在的人为加工方式，即“三雕七磨”的原则。当然“三雕七磨”还包括有些根料的组合、拼接自然与雕磨方式等方面。

创作中，指导学生把作品的内容通过作品结构和工艺表现出来。根雕创作的内容与形式是相互渗透、相互依存的，内容好决定了其形式好，形式好服务于内容好。根雕创作的内容是丰富多样的，需要相应的形式表现，形式作为内容的存在方式，在加工制作时一定服从内容的需要。当然根雕作品由于造型和材料的限制，形式有时也会反作用于内容。

总之，要培养学生根雕创作知识与实训能力，教师必须既是文化理论的引导者，也是技能训练的指导者、启发者，还得保持具有实际操作的熟练技能与创作精品艺术的全面实操能力，这样才能带动学生、示范学生，快乐学习，奉献求实，服务社会。

图 1-6　奔鹿

图 1-7　行者笔架

图 1-8　嘎嘎笔架

图 1-9　纳福笔架

（指导教师：路玉章）

历史与发展

根　雕　工　艺

第二章

根雕历史与发展

我们伟大的祖国历史悠久，地大物博，根雕艺术在其光辉灿烂的文化艺术宝库中，是一种古老独特的艺术形式，在中国工艺美术史上和东方文化艺术发展史上都具有一定的地位，研究它的产生和发展具有重要的意义。

根雕艺术的历史也是人类认识自然、改造自然、按美的角度去创造自然的发展史，总是在一定的社会条件下反映出人类思想的感情，人类思想的感情又伴随着生产、生活和审美与创造的实践反映出来。

由此，根雕艺术按着传统艺术的特点，遵循着朦胧期、形成期、发展期和繁荣期的历史发展过程，被划分为“天趣野味”“自然的神奇”“有形的诗”“根型的美”四个时期。

第一节 朦胧期

在原始社会时期，早期的根雕大都是生活的实用物件，它们是日常器物走向光滑与便捷的开端。原始时期工具的运用，建筑中“巢”和“穴”的产生，大都是从粗糙的、狭小的、简单的发展成为完美的、复杂的形态。人们从生活状态中朦胧地、自觉或不自觉地利用“雕”和“琢”，或“磨光”等制作手段来制造各种物件。

原始人钻木取火，人们把木棒磨光用于在木材上钻出洞穴，大概就是人类最早“雕”和“刻”行为的起源。当然不管那时的形式如何简陋，还没意识到钻木取火这种行为，已经产生了发生学上的意义、起源的价值和审美的价值，但正是这种工具的制造和取火技巧的形成，蕴含着在它存在的形式中所具有的艺术价值。

我们的祖先进行狩猎，把木棒磨光，把弓箭制作得如此得体。撅把、镰把、锤子、面杖这些工具的应用与工具的表象，决定了艺术的自然美，物质的天趣及

"神"人合一。再如农业时代，人们利用树枝、竹竿、树根的木材自然弯曲和钩状物组合进行松土，毫无疑问，这时艺术美已经发端了。

历史上，古帝少昊时就雕刻有木像，商周时期就有木雕作品的出现。古人用苍根磨光给小孩佩戴取其祥瑞寓意，汉民族用桃木磨光佩戴在身上寓意辟邪，丧葬时在棺材中放置柏木雕品等。这些"无声的诗""立体的画"在人类生活实用物中的萌发和表现是方方面面的，其意义也是深远的。

现在市场上留存的拐杖（见图2-3）很多，与历史的根艺文化渊源密不可分，自然是从实用与光滑开始的。

图 2-1　山西早期榆木农耕木犁

图 2-2　山西早期枣木农耕木犁

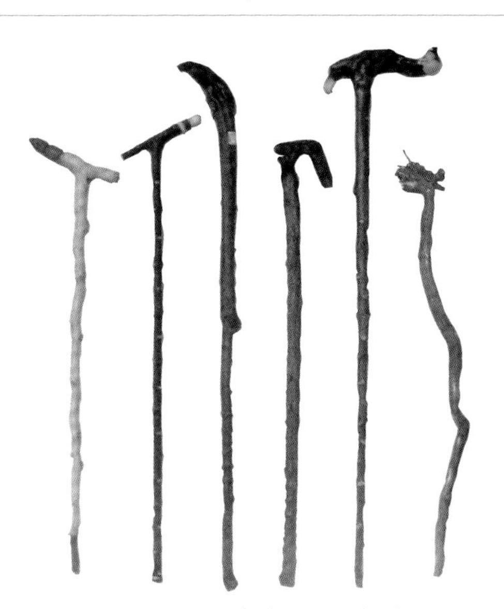

图 2-3　民间常售的根雕拐杖

第二节 形成期

战国至宋元时期，人类很早就把树的根枝，使用于平凡朴实的生活中，集中了衣食住行“生活技术”的精华和智慧。中国人用的筷子最早的形状大约来源于太行山中刮光的荆条，或是南方磨光的细竹枝，这种野气和雅致，可想当时的生活的洒脱、简洁，同时表现了传统生活方式中，光滑与型的图像传承下来。又如出土的汉代画像石或壁画中，就有树根制作的几架、拐杖、弓箭等作品。在1982年湖北江陵马山一号楚墓中，发掘出的汉代凭几，有的人认为是辟邪之用。这证明了我国古代劳动人民创作根艺的实物艺术品在此时已经形成。其构思之妙，虎头蛇尾的造型，四足雕有蛇、雀、蛙等图案，形成走之状的动感与神韵，说明了在2000多年前已经形成了有艺术价值的根雕作品。

例如，笔者无意中在古庙前行走，地上扔着一串杨桃弯根（山西的一种野菜植物灌木名称），人们不会想到这种植物根也能做根雕。捡回家里在水中浸泡两天脱皮雕磨后真是美极了，随便找了一个空心树杈枝干，经过打磨后，插于空洞处，一个“金蟾吐寿”艺术品形成了。

图2-4 金蝉吐寿 路玉章

南北朝时期根雕作品中就有大量的生活实用品。例如拐杖、笔筒、佛柄、抓背、烟斗等，就是用根形材料制作的先例。《南齐书》记载，齐高祖赠予隐士僧绍竹根“如意”。这种如意形似灵芝或云，柄把长而曲如一个得体抓背，就是一种根雕实用品。

《新唐书·李泌传》载有：“泌尝取松摎枝以隐背，名曰‘养和’，后得如龙形者，因以献帝，四方争效之。”就是说唐代邺官李泌用弯曲的松枝做抓背，后来采得如龙形状的天然松根，做成抓

图2-5 灵芝云 王有

图2-6 木居士 路玉章

背献给皇帝，四方都争相效仿他。

唐代韩愈的《题木居士》中有：

火透波穿不计春，

根如头面干如身。

偶然题作木居士，

便有天穷求福人。

诗中描写了“火透波穿”，这意味根材的形成，历经劫难，伤痕累累，形成“根如头面干如身”这样一种扭曲的形状。本是处境狼狈，却被迷信之人加以神化，供进神龛，成为“木居士”。这侧面反映了人们对木材的自然形态产生了精神寄托。

基于现在社会对根雕艺术的认同与喜爱，可以把诗改写为：

天生根材不计春，

千磨万琢看天生。

偶然得来一佳品，

便有无数观赏人。

根雕的形成是劳动人民的艺术创造，集中体现了人们对精神美的追求。前文提到的阳泉盂县盂北村天齐庙的佛像也是这种精神民俗的体现。

实用美与触感的光滑是民间实用艺术造型形成之源。历史上早期种谷子碾

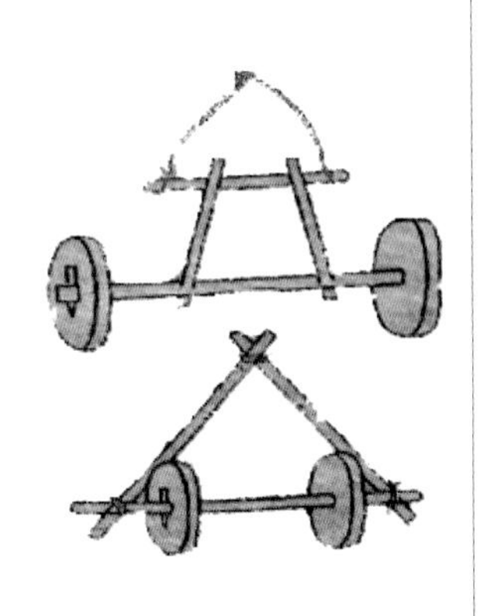

图 2-7　原始种谷子用刮光的石砘架

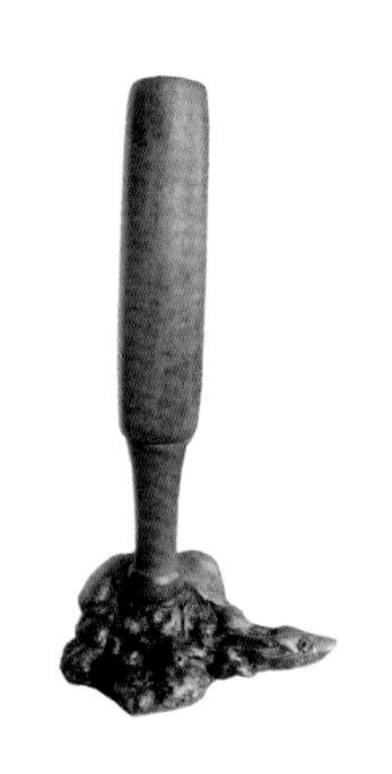

图 2-8　原始锤打豆子或用于锤打鞋底的棒槌

图 2-9　荆根枕　王有

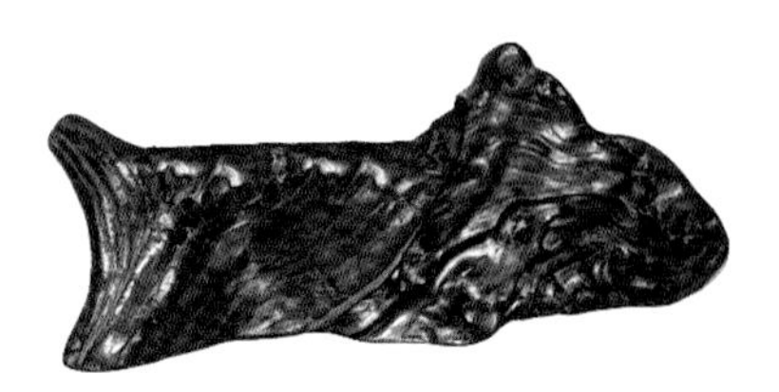

图 2-10　荆根枕　王有

压砘的木架，与人民农耕生活息息相关的镢铲、犁、镰等实用器具都需要形美、实用和表面光滑，这些就与早期的木雕创作的形成会有必然的联系。

张道一、廉晓春在《美在人间》一书中指出："物质和精神在人民生活中是互相交融，互为因果的。即使那些饱和需要没有直接关系的艺术品，人们在最困难的年月里也不曾忘怀它，宁可省吃俭用也要贴一对'门神画'，剪几个红窗花，秀一双花布鞋。我们在最普通的服装上起码能看到很美的扣襻。在最边远的山区能看到漂亮的陶器，木勺，扁担。"。

五代时期阮郜的《阆苑女仙图卷》中

就有对天然木榻、凳和根艺器物的描绘。

宋元时期《太平广记》书中有这样一个故事。一位商人的名字叫张弦。有一天他骑马经过华岳庙，（也可能是盂县“东岳庙”，代考证）。他就把马拴在荆芥灌木树根上，随地而睡。 马一时受惊拖起了这棵树根。树的根材形象，让张弦观察到自然的奇特，欣然生意。这个树根好像一只有爪、有腿、有头的狮子。张弦到华阴县城请木匠进行雕琢修整后，把这个树根加工成一个狮子形的枕头，名曰“荆根枕”，献给庙上。守庙人如获珍宝，锁在柜子中珍藏起来，过路人若想看还得付钱。这个故事说明了根雕艺术在当时已经流传出的佳话。这里的荆根枕和阳泉平定、盂县、昔阳一带的黄荆木根雕是一样的材质。

根雕师傅王有雕琢的几个荆根枕，有狮子头造型，有似鱼非鱼造型，还有具象的狮子造型，这些都有一定的艺术鉴赏价值，有材质硬柔光滑之美，有工艺雕琢精道细致之美。

元代画家王振明画有《伯牙鼓琴图》，图中描绘了一个花几架和香炉的实用型根雕作品。

2–11	2–12
	2–13

图 2–11　荆根枕　王有
参考拍卖价 1300 ~ 3000 元
图 2–12　荆根枕　王有
参考拍卖价 800 ~ 2000 元
图 2–13　柏树根枕　王有
参考拍卖价 2300 ~ 5000 元

第三节 发展期

图 2-14　福禄寿群像根木雕
参考拍卖价 500 ~ 1000 元

明清时期，根雕艺术和其他民间雕刻艺术品一样，已经开始得到长足的发展。从观赏艺术品到实用物品，门类已经较为齐全。

北京故宫珍藏的清代八仙群像，其中的汉钟离根雕人像，很好地表现出了人物的动态造型和木材的天然意趣（见图 2-14）。

上海文物所珍藏的明清笔筒、如意、佛手等根雕作品和根雕魁星、花几架等作品，表现了观赏艺术和实用艺术的自然美和神奇美。说明了根雕艺术顺乎自然的造化之工。

明代仇英《桃李园图》中就绘有树根椅子。还有明代李东阳的《灵寿杖歌》中写道："谁采青壁红琅琅，见之慕之不容口。锡之嘉名曰灵寿，金可同坚石同久。吾家此物旧所有，神与相扶鬼相守。"明代谢在杭的《五杂俎》中记载"吴中以枯木根作禅椅……"还记载"以天生藤为之，或得古树根，如虬龙结曲臃肿，搓牙四出，可挂瓢笠及数珠瓶钵等器……"

明代张岱所著《陶庵梦忆》中对根雕的神奇与雕磨方式记有："貌若无能，而巧夺天工……然其以自喜者，又必用行之盘根错节，以不易刀斧为奇，经手胳剖磨之而遂得重价。"

清代的绘画中常常有根雕的花几架、几案坐椅等家具跃然于纸上，表明了这种民间工艺已经发展到一定水平。《胤祯妃行乐图》中有天然树根拼接的床。《三希堂画宝》中画有几案、花架、坐几等。

图 2-15　藤条弯圈椅（明）

清代乾隆皇帝的根雕座椅和几架现仍然留

图 2-16　根雕花几　路玉章
参考拍卖价 300 ~ 1000 元

有。施鸿保《闽杂记》中记载的定光佛杖："佛面竹，长一二丈，粗及把，结甚疏，每节有一佛面，眉目口鼻皆具，可谓手杖。"

清代徽州江浙一带木雕兴盛。枯根、枯树，具有地方特色，根雕艺术家凭借木雕艺术的氛围按着变腐朽为神奇的造物手法，把画面落在一个最真实的艺术情调上，使根雕作品的发展达到鼎盛阶段。

根雕与木雕作品在这个时期得到了更好地发展。

2-17　2-18

图 2-17　根雕花几　路玉章
参考拍卖价 800 ~ 2500 元
图 2-18　花架　路玉章
参考拍卖价 800 ~ 1500 元

第四节 繁荣期

图 2-19 呼喊（老槐木）
卢文国
参考拍卖价 3000 ~ 12000 元

新中国成立到 20 世纪 70 年代以来，根雕艺术进入了集大成时期。其表现是：根雕艺术的研究理论逐渐增多，根雕作品的表现内容和形式更加丰富，根雕创作者和欣赏者、爱好者日益增加，形成了“根雕热”。另一方面，从爱护自然、爱护生态环境的要求出发，根雕创作又向转型和创新的目标发展。

中国根艺大师马驷骥先生在《中国根艺》一书中指出：“尤其是 70 年代以来根的艺术在全国各地像雨后春笋般蓬勃发展起来，从事根艺创作的人越来越多，超过了历史上任何时期。在 1983 年《根的艺术》纪录片拍摄后，1985 年在中国美术馆举办了‘中国根的艺术联展’，并成立了中国工艺美术学会根艺研究会，使中国根艺美术走上了正规化、学术化的发展道路。同时将这门艺术定为‘根的艺术’简称‘根艺’，建立了根艺理论学说，使他登上了大雅之堂，成为中国文化艺术领域中一门独立的艺术门类。全国各地根艺创作者和爱好者进行了 10 的不懈努力，多次举办全国性的学术交流活动，使中国根艺美术事业取得了较大的成就。1994 年 9 月经国家民政部批准，由二级学会晋升为中国文联所属的一级学会——中国根艺美术学会。现在在全国各地发展了 40 多个根艺团体，会员遍布各省、市、自治区。根艺作品的艺术创作和制作技术也达到了较高的水平。目前，中国根艺美术正以新的姿态，沿着中国文化艺术发展的方向，走向繁荣和兴旺。”

图 2-20 无声的交响（黑荆木） 石建华
参考拍卖价 1000 ~ 5000 元

根雕，从 20 世纪 80 年代左右开始进入兴盛期。广大根雕爱好者创作了大量的作品。好多创作者成为山西根艺学会成员，并多次参加了山西晋德拍卖行的展销与拍卖。山西阳泉小河的石建华，娘子关的周时聘，原阳泉钢铁厂的芦文国，义井的王捷，义东沟的王有等同志第一次把诸多的根雕作品放到太原晋德拍卖行参加拍卖，使得山西根雕以阳泉根雕艺术为代表，成为重要的创作地区。

在人民生活日益改善的今天，根雕艺术达到了兴盛和繁荣，其理论的研究和指导，其形式和技巧技法都向着更加美好的正确方向发展，并将沿着保护生态环境和根雕艺术开拓创新的方向继续发展，为人民大众服务。

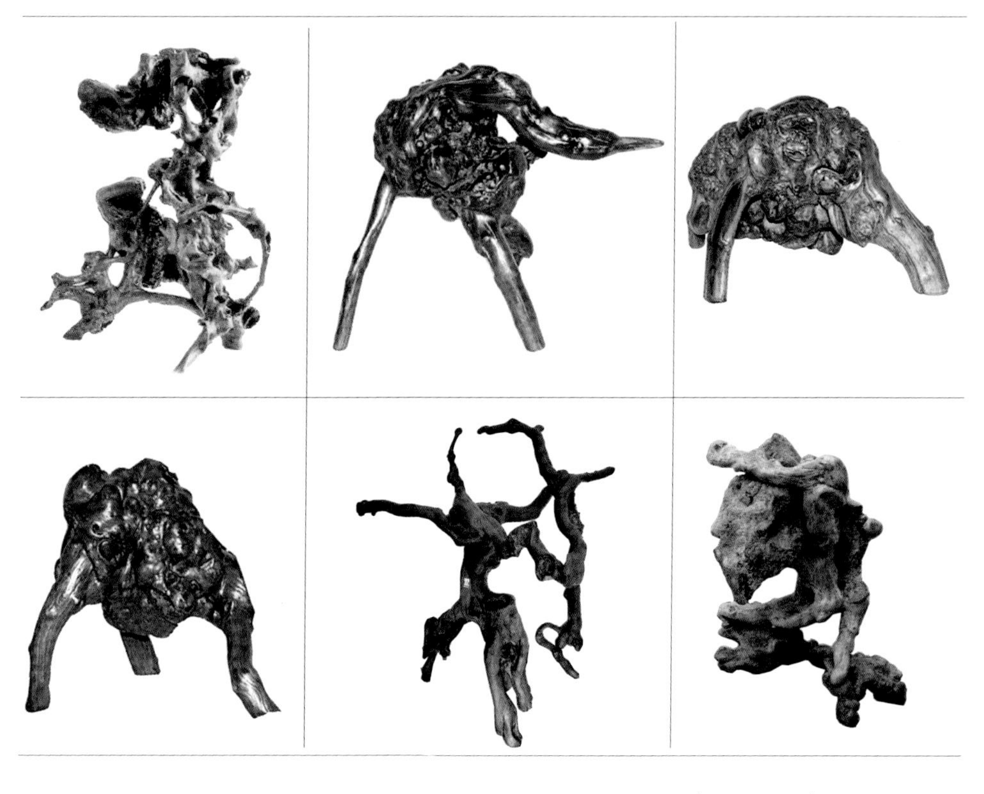

2-21	2-22	2-23
2-24	2-25	2-26

图 2-21　晋唐遗韵（黄荆木）　石建华
参考拍卖价 1000 ~ 5000 元
图 2-22　仰（红荆木）　王有
参考拍卖价 500 ~ 1000 元
图 2-23　根抱石（黄荆木）　王有
参考拍卖价 100 ~ 500 元
图 2-24　根含石（黄荆）　王有
参考拍卖价 100 ~ 500 元
图 2-25　较劲（酸枣木）　王捷
参考拍卖价 500 ~ 1000 元
图 2-26　大力士（黄荆木）　王捷
参考拍卖价 500 ~ 1500 元

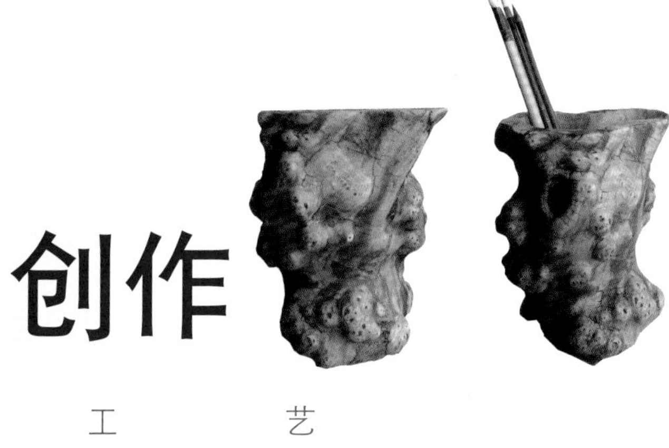

创作

根　　雕　　工　　艺

第三章

根雕创作

根雕艺术和中国其他传统工艺美术门类一样，吸取了中国画艺术美的文化营养，借鉴中国雕刻艺术和雕磨技法等理论，结合着创作者的文学修养和工艺美术基础，成为有诗情画意，独具生命力的造型艺术。

根雕创作，同样充分体现着“天人合一”的境趣，有自然天成与意象创造的偶然与必然。根雕创作大致包括内容和形式的统一，创作方法的“材美工巧”，创作意境的“寻奇觅美”。

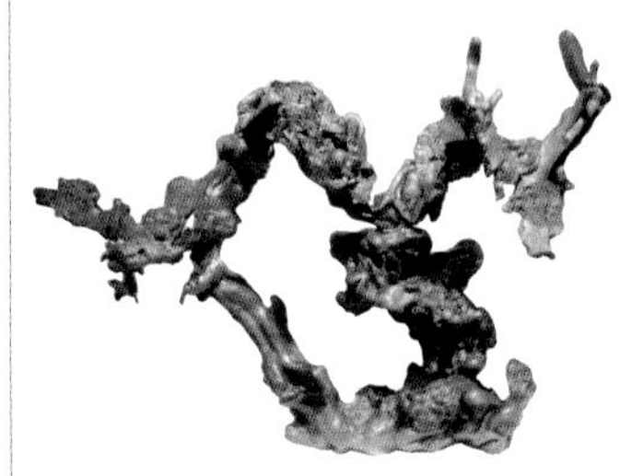

3-1	3-2
3-3	3-4

图 3-1　南方榕树根（1.8m × 2.2m）参考拍卖价 10000 ~ 55000 元

图 3-2　脱俗（1.8m × 1.8m）檀逸轩有限责任公司 参考拍卖价 20000 ~ 55000 元

图 3-3　山魂　石建华 参考拍卖价 10000 ~ 15000 元

图 3-4　长龙卧虎（黄荆木 1.8m × 1.2m × 0.6m）石建华 参考拍卖价 8000 ~ 20000 元

3-5 | 3-6

图 3-5 珠链璧合（黄檀 1.9m×1.3m×0.65m） 周时聘
参考拍卖价 200000 ~ 600000 元
图 3-6 梅开三福（黄檀 1.3m×0.8m×0.6m） 刘贵祥
参考拍卖价 300000 ~ 500000 元

第一节 创作内容

根雕创作包含内容和形式，内容与形式是统一体中不可分割的两个方面，有创作的内容就一定包含着相应的具体形式。

根雕的内容是创作要素的总和，表现着根雕的“天趣、野味”的自然美与艺术美。为达到这个目的，工艺创作中创作者首先应该把握自己的思想情感。当我们创作一件根雕作品时，首先是对根材自然状态的欣赏，进而进行艺术渲染。例如，阳泉芦文国先生的《倚门》（如图 3-7），我们看到的是一个老妪依靠在门前，盼望子女的回归，默默祈祷着，饱含着母爱和亲情的思索。苍劲自然的半圆门旁的老妪似倚似坐，让观赏者直接感受到她虔诚生活的精神状态。

图 3-7 倚门 卢文国
参考拍卖价 800 ~ 1500 元

根雕创作的内容包括题材和主题。题材是作品内容的基础，是创作者在创作范围内对生活素材的构思，也包括对自身内心世界的表现。主题是一种深刻的思想内涵，是创作者通过雕琢作品，自然流露出来的一种明确或者暗示的精神内涵。

当我们欣赏红荆木的作品《龙》（见图 3-8、图 3-9）时，可以感受到作品形神兼备的动态美，吉祥安康的寓意以及根材的自然意韵。而红荆木的木质美和皮色美，犹如紫檀木般质地细腻，颜色醇厚，触觉丰满。

图 3-8　玉龙回首　路玉章
参考拍卖价 800 ~ 11600 元

图 3-9　玉龙回首局部材质　路玉章

根雕的内容有时也有不明确的表现，即所谓的“含混性、多义性”，有时往往把作品的内容退到第二位，把作品的审美性质提到第一位。依靠人们的心理去感受作品的线条、根块的组合，或以抽象的符号表达创作者的主观精神。

根雕的内容包含着相应的形式，形式是构成事物要素的结构显现方式。“形”指构成根雕的造型，就是“三分人工，七分天成”的外在美；“式”指根雕内在的人为加工方式，即“三雕七磨”的原则。当然“三雕七磨”还包括根料的组合，拼接雕磨方式等方面。

内容和形式是根雕统一体中不可分割的两个方面。根雕作品的内容必须通过作品结构造型和工艺手段才能表现出来。内容和形式又是互相渗透、相互依存的，内容好决定于形式好，形式好服务于内容好。根雕的内容是丰富多样的，需要相应的形式来表现。形式作为内容的存在方式，在根雕加工制作时一定要服从内容的需要。当然根雕作品由于形体和材料的限制，形式也会反作用于内容的。阳泉卢文国先生的根雕作品《虎山行》（见图 3-10），根材的图案和花纹适合制作中文文字样式的根雕，所以以文字造型表现“虎山行”的主题，达到了汉字的形式美和意义美的统一。

又如一些瓶罐、笔筒、花几架等实用品，其中的线条、根块、皱纹等图案是

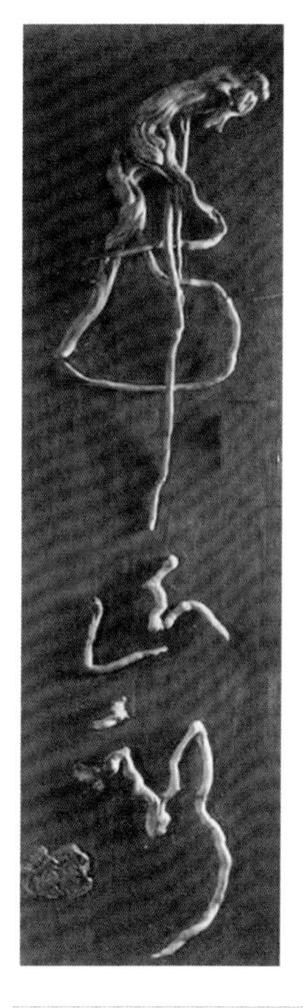

形式美的反映。还有些抽象的根雕作品，内容凝结在形式上，形式也是它的内容，这就是内容和形式的矛盾两方面。

总之，内容和形式形成了“势若千万寻”创作的特征。我们在制作中，要正确地把握内容和形式的关系。一般内容不要过大过繁，使作品显得粗糙和凑合，或者是形式过于繁琐使人感觉空洞和浮夸，好的作品是内容和形式的高度统一。

图 3-10　虎山行　卢文国
参考拍卖价 1000 ~ 1000 元
图 3-11　龙凤飞　路玉章
参考拍卖价 800 ~ 5500 元

图 3-12　势诺千万鐏（笔画筒）
路玉章
参考拍卖价 1000 ~ 2500 元

图 3-13　禽鸟笔筒（黄檀）
刘贵祥
参考拍卖价 600 ~ 1000 元

第二节 创作方法

战国时期的《考工记》一书中就提出了“材美工巧”的工艺美术创作原则，成为中国传统工艺美学观与价值标准，根雕的创作方法遵循着这一原则。

图 3-14　笔架　路玉章
参考拍卖价 300 ~ 500 元

图 3-15　笔架　路玉章
参考拍卖价 300 ~ 500 元

一、材之美

根雕作品的材质和艺术，再加上审美标准构成了根雕创作手法的特殊性。就材质的选择和工艺的巧施，怎样表现呢？如果说材质选择是表现根雕“天趣野味”的重要条件，这就决定了根材是工艺语言的媒介物，根材本身就是有功用属性，是实用美的创作；根材也有艺术美属性，也要进行表现的艺术价值取向的创作。“实用美”和“艺术美”这两个方面是根雕创作中不可或缺的两个审美追求。

根雕有独特的材质神奇之美，利用根材材质作为根雕艺术的承载体，可以很好地体现艺术作品的审美属性和艺术价值。如笔者的蔓荆沙棘根雕笔架，是一位老师给我捡回的两个根材，经过剪切修正、刮磨光滑、涂饰而成，是一件不可多得的艺术品。

根雕作品中往往把自然的材质美作为一个重要的观赏要素。如果选材不当，艺术构思和艺术手段会显得相当粗糙，人文精神也会相当欠缺，就会影响到作品的整体美感，是做不出好的工艺品的。

材质美具有可视性，具体的材质特征不仅可以表现出具体的美感，还可以表现出一种抽象的美感。紫檀小料、黄杨根、杜鹃根材给人以明快温柔之感，柏木根、枯榆根给人以细腻坚致之感，黄檀根和椿木根给人以华丽雅洁之感，响铃木枝杈给人以随性洒脱之感，竹根给人以敦厚朴素之感，瘿瘤给人以盘结典丽之感，枯木给人以沧桑变化之感。

材质不同的质地也会产生不同的触感。好的根雕作品看上去赏心悦目，触

图 3-16 树枝叉雕笔筒（悬铃木） 路玉章 参考拍卖价 200 ~ 350 元
图 3-17 枝杈笔搁（紫檀木） 潘军民 参考拍卖价 500 ~ 1500 元
图 3-18 樱根材质笔筒（杨木） 路玉章 参考拍卖价 300 ~ 500 元
图 3-19 樱根材质笔筒（蔓荆沙棘根） 翟喜康 参考拍卖价 300 ~ 1000 元

摸上去也让人感到舒适并产生联想。如红木、花梨木、核桃木的根材作品让人感到铿锵结实，椿木根材作品给人以飘逸雅洁的感受，黄檀、黄荆、榆木、山枣木的根雕作品给人以粗犷、雄浑的阔气感觉等。

材质的美感是综合表现的，是心理感受和体会的审美境界的集合。而且人们的情感体验也存在千差万别，不同的人有不同的个性体验，这种体验的语言表达侧重点不同，因此不同欣赏角度的审美感受也存在着一定的差异。

材质有地区性之美。祖国的千山万水，由于土质、地貌、湿度、水分等方面的不同，根材的形态状况都有差异。以山西为例，阳泉市青石山上的扁平根多，黄土山上直根较多；左权县的一部分碎石和土层形成的山中块根较多；盂县的蔓荆沙棘根较多。沙漠地带的根材就和土石山中的根材有着区别，南方的根材与北方的根材也会有一定区别，同种树木，干旱的高山地带长成的根材和温润潮湿的水渠边长成的根材也有明显的区别。根材的地区特点丰富了材质美的形式和内容。

材质又有奇异性。大自然造就了自然虬曲的怪根枯材，同时也造就了千曲万变的奇态怪枝。材质本身的好坏，是否具有肌理的美感并不重要，人们有时也并不去理会或者要去研究它的肌理，而是注重它的形态造型美，这也是根雕艺术特征所在。在大自然创起的天趣野味中，有时侧重材质，有时侧重造型，也就说明材质和形态之美是相互影响与和谐统一的。

二、工之巧

人类文化的起源和手工造物与对自然材质的利用是从同一个起点上共同发展起来的。火的运用，促进了旧石器时代向新石器时代的进化，夯土技术到砖块的运用，完善了古代建筑的工艺技巧，促进了造物工艺的思想发展，中国古代传统工艺技术一直是“寓美于用”地表达着每个时代的文化意识。

工艺巧施，即“工巧”，是传统工艺加工中人对自然造物手段的能动表现。

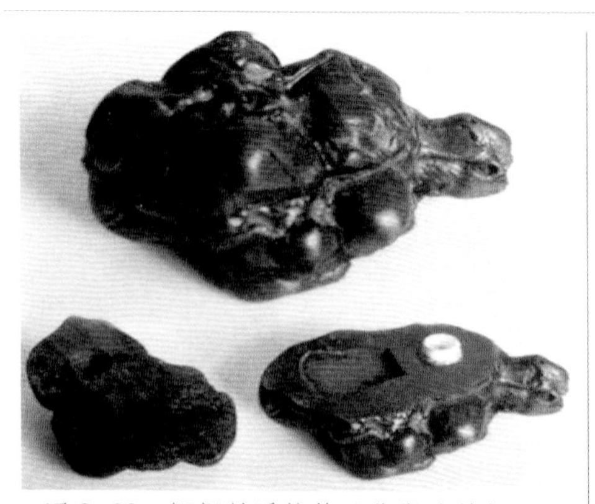

图 3-20　樱根材质笔筒（蔓荆沙棘根）
翟喜康
参考拍卖价 300 ~ 1000 元

图 3-21　狗伴（老榆木）
路玉章
参考拍卖价 100 ~ 500 元

原始的文化遗存中，所使用的工具只是象征性的石锛、石斧、石铲，表现出了原始造物的最初样貌，并赋予了其原始状态的粗犷大气和珍稀之美。进入封建社会，铁和钢材的运用，锻造技术的完善，赋予了明清时期加工工艺的典雅精细的特征。比如，那时的木工工具赋予了我国木雕工艺内容题材的广泛与形式的多样，技艺的精炼和雕刻美的旋律显现，同时也带动了根雕工艺的发展。到了工业化时代，

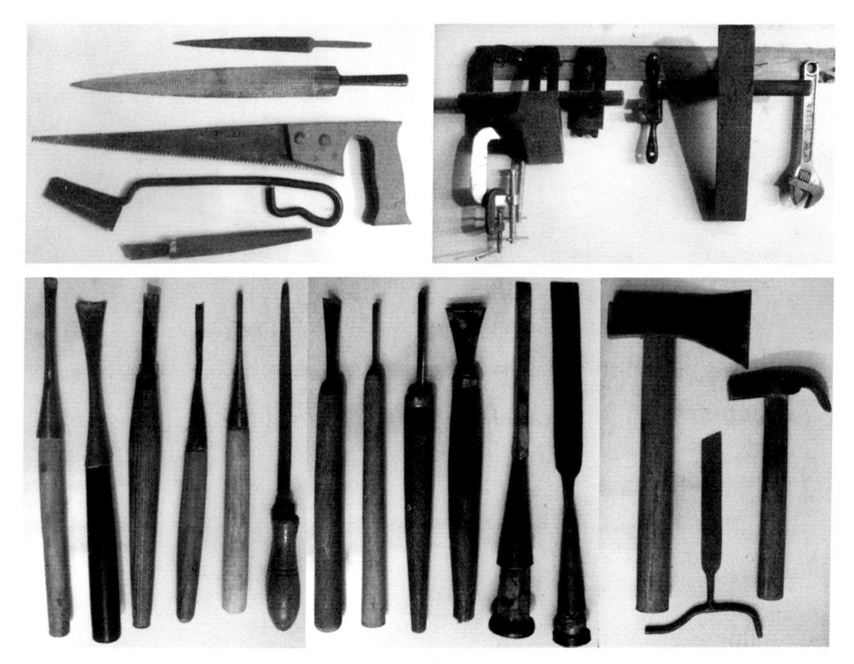

图 3-22 根雕工具

机械雕刻、电脑雕刻又有了飞跃式发展。因此“工巧”具有时代美的烙印。

“工巧”也随着消费阶层的不同存在着差异。民间百姓的生活多追求使用性强，使根雕艺术健康地发展。由于民间的经济发展水平偏低，工巧以廉价见美，相应地形成了一定的技术规范和经验，是粗中见美，陋中见势。历史上服务于贵族豪门、文人雅士的工艺作品，追求华贵的材质，自然会在技术上有一定的助益，但常常追求精细却缺少灵动的神韵，追求过高过奇的艺术境界，追求高昂价值和价格，往往陷入“玩物丧志”“奇技淫巧”的泥淖。

“工欲善其事，必先利其器。”根雕的“工巧”，多借助于地方木雕的工具，因为根材是木质的，选择工具当然是铲、刨、磨、锉等形制。自然还应准备一些适合于根材制作的专用工具（如图 3-22）。有好的工具就善于施艺，再加上创作者的审美因素，便可达到好的“工巧”境界。当然工具体量要适合具体情况，比如，建筑雕刻用的工具就大些，家具雕刻用的工具要小些，微型雕刻用的工具更小些，甚至小的雕刻还得借助放大镜才能刻画。

“因材施艺”是根雕创作者重要的创作技巧，相应的根材使用相应的技艺，相应的部位用相应的程序和工具，这样才能制作出优良的作品。所以正确的创作方法，应该是由粗到细、由大到小、有小到微，妙用技巧。

图 3-23　召唤与鸣雀　贾永庆
参考拍卖价 300 ~ 800 元

图 3-24　双联笔筒　杨少华
参考拍卖价 200 ~ 500 元

总之，“工巧”是根雕创作的原则，“材美”是选材的要素，只有这两方面是不够的，应该融入自身的创作思想，就是创作者文化的修养、审美的水准、艺术的造诣。

第三节 创作意境

创作意境是中国古典美学传统的重要范畴。根雕艺术的“意”一般指创作者的主观气质与理想的感情精神因素在创作中的表现。“境”是指作品客观现实的升华和渲染。“意”和“境”互相有机地结合在一起，就是主观精神和客观作品相融于一体的产物。

南朝时刘勰在《文心雕龙》中明确指出了“情以物迁”这一概念，中国的诗歌创作讲究“言有尽而意无穷”的境界。这些文字的创作手法对根雕艺术的创作和在作品中“寻奇觅美，巧借天然”同样具有很好的指导作用。这就是根雕作品的“神似美”，每个人在玩味中可获得“以物情发”以及“言意无穷”的诗情画意，或是一种只可意会不可言传的意境。

根雕同样存在意境。“境”是作品的基础，有“境”就有形象。客观的“境”寄托情感的“意”。例如，在传统木工雕刻工艺中，“梅、兰、竹、菊”常常雕刻在柜子与境屏的镶板上，或是雕在建筑的垫拱板或窗棂上，其表现的意境是，梅寓喜气高洁，兰寓静逸旺盛，竹寓坚贞长青，菊寓孤傲喜寿，符合文人雅士和劳苦大众的理想品格和艺术情操，寄托了人们的审美情怀。

好的根雕作品是具有审美价值和艺术魅力的。比如，使观赏者见根生情，触物寄兴，获得既源于自然，又高于自然的激情和想象。

根雕作品《蟠龙》（见图 3-26）是笔者在煤矿路旁捡到的一个黄荆木根材。加工制作后犹如一只盘根错节的独木龙，似卧着等待着什么，又似准备走的状态。龙略张着口，双目凝视着某一方向，好像是发现了什么。其形象和动态的天势之美，反映着或暗示着大自然的一种艺术创造，让人们不单单领略其龙的造型，更是以形传神含蓄地引起观众对作品盘根错节的联想。

要获得根雕艺术创作的意境，就需要创作者在加工制作中，充分认识根材的形态，从创作的全面性和文化的深度去认识、去雕琢，达到胸有成竹的境界，突出根材的意境，赋予枯木断根新的生命。只有创作者对作品饱含着对自然美的认识和人工雕琢的把握，才能使根雕作品的感情色彩得到很好地表达，抒发出艺术的情趣，表现出作品的独特风格。

有的根雕创作者，很好地利用寓言和典故提升创作意境，使作品升华到趣味无穷、引人深思的境界。作品《鸿鹄之志》（见图 3-27）的根材是笔者于 1997 年在学校食堂偶然见到的烧火材，当时很多炊事人员把这个根材扔在一旁，或者是搁在桌子上，他们也觉得像什么。我有幸看到后，大家让我拿走加工。回到家

图 3-25　色彩的延续　路玉章
参考拍卖价 80 ~ 200 元

图 3-26　蟠龙（独根）　路玉章
参考拍卖价 1000 ~ 5000 元

中仔细观察，发现是农田边墙上长了近千年的“旱烟叶根”，似黄杨木的材质。说是一根材，却又不是一根，一层一个根，层层相叠形成了一个大根。一层层的自然美，犹如南方灰树根的形态之美。水煮后用钩刀和钢丝刷清除层层的树皮，再磨光后，根材的形体和动势，像一只雄鹰或是雄鸡，根材形成一千多年，自然给人一种已飞跃九万里落得苍劲之美的意境，取名意为鸿鹄之志九万里，能否言志和流露一层一根的“景中情”“情中景”，仁者见仁，智者见智！

图 3-27　鸿鹄之志　路玉章　参考拍卖价 1000 ~ 5000 元
图 3-28　月中来　路玉章　参考拍卖价 500 ~ 2500 元
图 3-29　收获　王宝玉　参考拍卖价 500 ~ 1500 元
图 3-30　跃　王宝玉　参考拍卖价 500 ~ 800 元

3-27	3-28
3-29	3-30

有的创作者借根材顺势多处雕刻或修饰，自然也有一种民间拙朴的艺术美。如根雕艺人王宝玉，平定旧关人，60 多岁。个人创作多为动物形象的根雕，最喜雕刻马、牛、等动物的自然神态，感悟农耕生活中动物的姿态与动势。其根雕作品随根就势，就连眉眼脸型也细细刻画，突出头部的写实性，这是他民间根雕的特色（作品见图 3-29、图 3-30）。

总之，意境是由表及里的层次结构，也是艺术作品的整体构成因素，根雕创作应在突出意境中寻奇觅美。

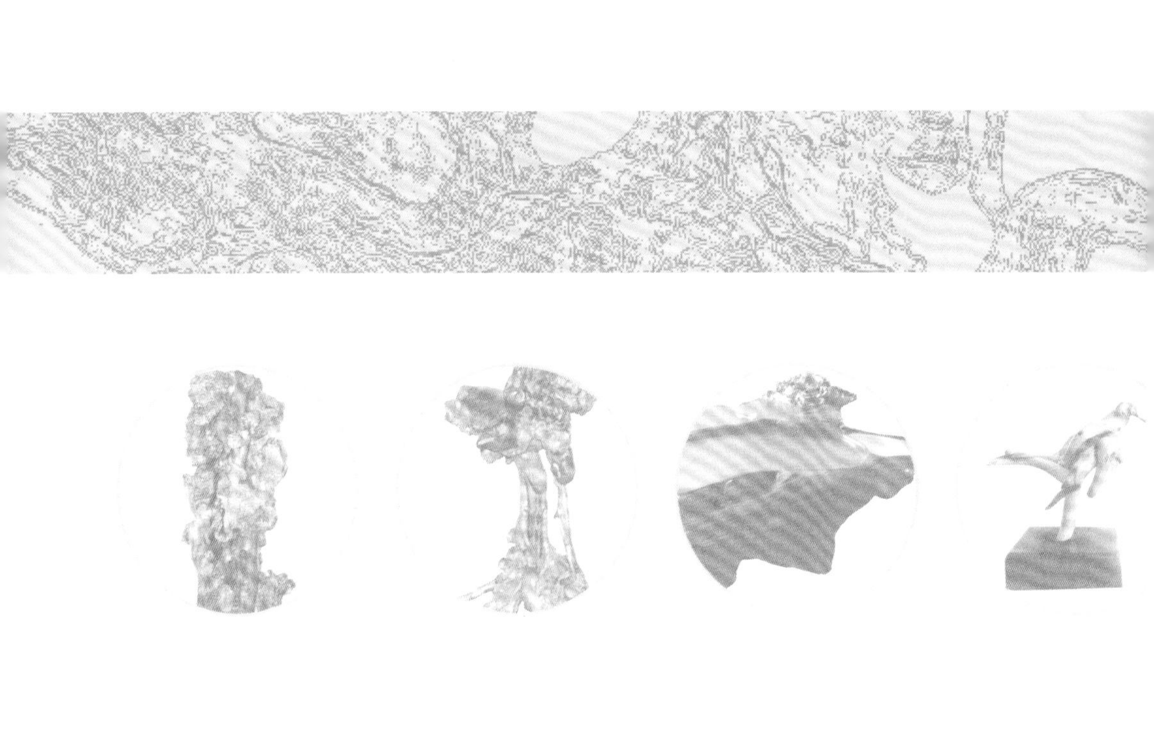

名称与分类

根　　雕　　工　　艺

第四章 根雕名称与分类

当亲历、亲见、亲闻根雕创作实践，自然在学习与创作中，经过归纳与推理，总结出自己的理论观点，以下对根雕的名称，根雕的分类，根雕和木雕的关系，笔者进行了系统的分析研究。

第一节 根雕名称

根雕伴随着人们的生活和艺术文化的丰富和发展，越来越表现出自身独特的风格和特征。

图 4-1 五龙迎福（黄檀）
高建国
参考拍卖价 5800 ~ 13000 元

关于根的创作艺术，叫根雕，还是叫根艺，多年来存在着不同的看法。古时候，人们把根雕、竹雕创作的艺术品称为“树根雕”和“竹根雕”，也有人称为“工艺品”。

有人讲，叫根雕不为过错，有木雕、石雕、砖雕、陶雕、玉雕等门类名称。如果把它们改成木艺、石艺、砖艺、陶艺、玉艺等名称会很别扭，不够通俗。

有人讲，根的形象在似与不似之间，是“抽象派”的艺术。根的形象很美，像人、像物，不用加工就是一件好的艺术品，叫“根艺”是可以的，强调了尊重自然和依靠自然，来表现原始形态之美。

根雕艺术家李学强先生发表在《中

图 4-2 莫愁 王有
参考拍卖价 100 ~ 500 元

国花卉盆景》杂志上的文章认为：对艺术品类的命名，应体现材料和表现两大因素。这里所说的材料是树根，而表现实际上是对材料的处理方法，也就是雕。根材通过雕而成为艺术品，因此称它为“根雕”比较合适。

中国根艺大师马驷骥先生，对根雕的理论进行了深入的研究，他认为“这种艺术品的原材料不仅仅局限于根雕。因此它既不是雕出来的艺术，也不单单是造型艺术，可以说是‘三分人工，七分天成’。所以经过反复斟酌探讨，我认为称作‘根的艺术’，简称‘根艺’较为科学准确”。这种命名方式突出强调命名的贴切性，先后得到了王森然、张启仁、常任侠、陈叔亮、常书鸿、刘开渠、王朝闻、吴作人、张仃、华君武等艺术界专家们的认可。

国家一级美术师周学森先生认为：“作为一门艺术名称必须表达出人的干预手段，是塑、是雕、是刻、还是组景、或是总的称为造型，缺乏这一含义，也就不能确切地表达这项艺术的特性，就否定了人的主体，否定了客观真实化为主观表现的过程。如果简单地把‘树根和艺术’拼接在一起成为‘树根艺术’就是不妥了。而‘根的艺术’一名也有类似的毛病。”

笔者认为，按照造型的艺术构思和审美过程，人们在制作加工过程中，因循着根材自然生成的态势美对根材进行艺术化的加工和处理，提升这些材料的质感和美感。其中艺术的加工处理手法叫工艺，先有工而后有艺，就是古人讲“三雕七磨”的原则，经过雕磨工艺达到“三分人工，七分天成”的形象艺术品。“根艺”一词用词是宽泛的，强调了审美造型艺术的风格和特点，但从字面意义上讲，把“根艺”解释为“根的造型艺术”“根的表现艺术”“根雕艺术”“根的艺术”等意思都可以。简称“根艺”并非不可，叫“根雕”也比较通俗，因为根类材料加工制作总是要雕磨的，属于工艺美术范畴，都能体现这门学科的雕琢艺术创作规律、创作内容、创作方式和鉴赏原则。

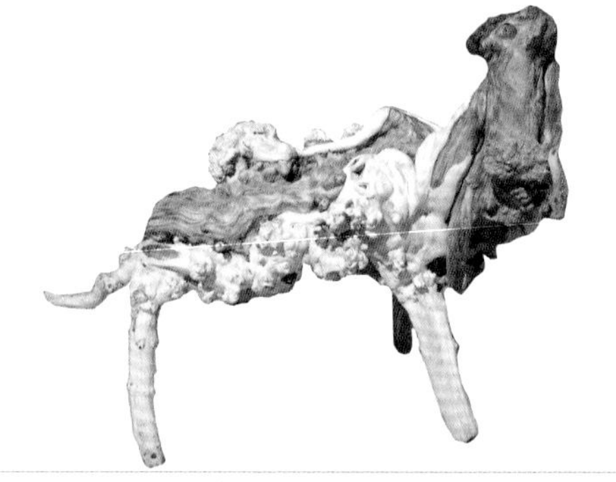

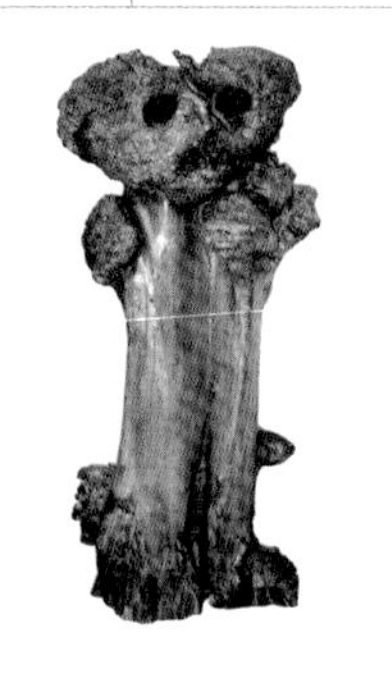

<table>
<tr><td colspan="3">4-3</td><td colspan="3">4-4</td></tr>
<tr><td colspan="3">4-5</td><td colspan="3">4-6</td></tr>
<tr><td colspan="2">4-7</td><td colspan="2">4-8</td><td colspan="2">4-9</td></tr>
</table>

图 4-3　正前方　杨少华
参考拍卖价 100 ~ 500 元
图 4-4　发情　翟喜康
参考拍卖价 1000 ~ 5000 元
图 4-5　夜出　杨少华
参考拍卖价 300 ~ 500 元
图 4-6　狮子惚　翟喜康
参考拍卖价 1000 ~ 2500 元
图 4-7　佩着羊皮装像　高健国
参考拍卖价 3000 ~ 15000 元
图 4-8　国宝（杨木，1.9m×0.8m×0.6m）　王有
参考拍卖价 3000 ~ 5000 元
图 4-9　护羞（柳木）　王有
参考拍卖价 100 ~ 300 元

第二节 根雕分类

根雕是一门天人合一的艺术。其分类方法有多种，一般按照创作内容、刻磨的状况或根材的地区特点分类。根雕的分类可以使我们很好地掌握根雕艺术的内容和特征。

一、按创作内容分类

根据根雕艺术丰富多彩、绚丽多姿的表现形式和创作内容，可以把根雕艺术分为观赏艺术品和实用艺术品两个类型。

（一）观赏艺术品

观赏艺术品，这里是指一般型艺美、重观赏的根雕作品，包括抽象艺术品和具象艺术品。抽象艺术品是舍弃个别的、非本质的属性，抽出共同的、本质的属性，以形取意、以意取神、形神兼备、与天同创的一种艺术品，其表现形式多为奇、绝、妙。具象艺术品是具体的、反应本质的和真实的物象，是与物同生的一种艺术品，多以人物、实物、动物、花鸟鱼虫等物象表现现实生活。正如中国根艺美术学会会员赵同泽先生讲的"以貌取神、得意忘形"，其表现形式以神、巧、精为特点。当然具象艺术品还包括一些贴面作品与书法作品。

山西林业学院杨少华同志有自己大学艺术系专业毕业特长，并且有吃苦精神，长期以来实践根雕工艺的制作技术，带领学生做了大量的根雕作品，而且把艺术形式与创作设计提高到一定水平，他的作品工艺精细，造型优美。

图 4-10　杨少华同志在精心制作木雕

图 4-11　负重　杨少华
参考拍卖价 300 ~ 500 元

图 4-12　妖娆　石建华
参考拍卖价 500 ~ 1500 元

（二）实用艺术品

实用艺术品，这里特指根雕作品与生活实用相结合的作品。家具类的有床、椅、桌、架、座等根雕作品，陈设实用类的筒、瓶、架、砚、书、匾等根雕作品。

随着人们文化知识和修养的提高，社会物质生活的改善，以及审美感受、审美观念、审美需要的提升，使根雕这门艺术越来越受人们的青睐。

4-13 | 4-14

图 4-13　悬针笔架　路玉章
参考拍卖价 100 ~ 500 元
图 4-14　笔架　路玉章
参考拍卖价 80 ~ 100 元

二、按雕磨的状况分类

在教学与研究中认为，按雕磨状况的工艺方式，根雕应该分为自然型根雕、类似型根雕、拼接型根雕、朦胧型根雕、装饰型根雕、仿真型根雕 6 个类型。

（一）自然型根雕

自然型根雕，这里是指侧重自然形成的根材，多为只进行磨光修饰体现根材自然美的作品。这种根雕给人以简洁或少雕琢的感觉，原汁原味地呈现自然美，我们称其为“天趣”“野味”，就是求其自然造型，自然生成的“神气”。创作中只做形状造型和简单的雕磨修饰，成为观赏艺术品种的上等绝品，如杨少华同志的《呢喃情缘》（见图 4-15）。

（二）类似型根雕

类似型根雕，是指侧重部位雕琢，如头部、四肢局部雕琢的根雕作品。类似型根雕作品的雕磨主要是利用根材的形貌特点，运用偏重于写意的手法进行局部加工。例如，动物、花鸟、动物的形态，或是人物的面部采用木雕手法，其动

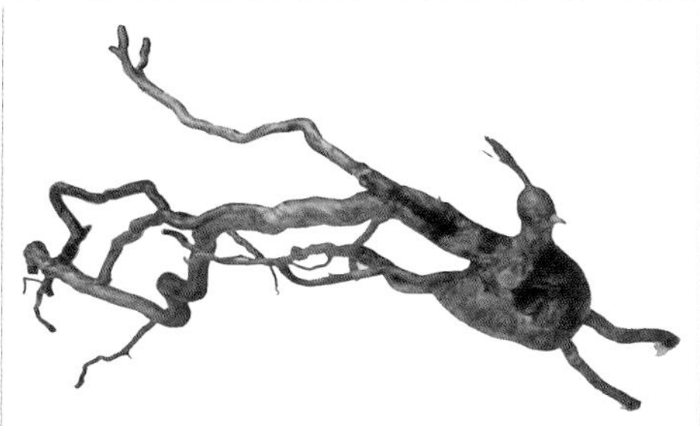
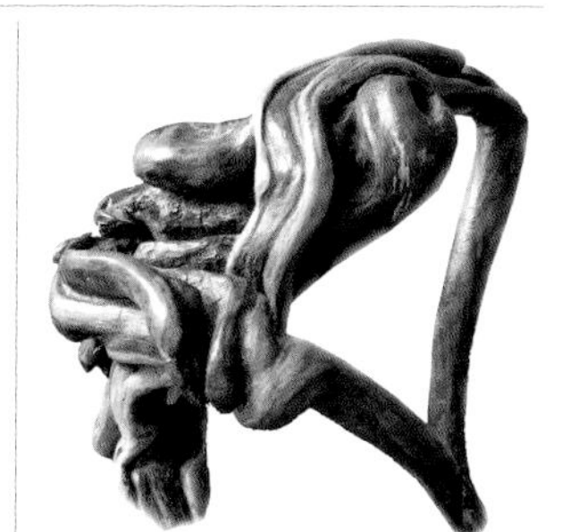

4-15	4-16	4-17
4-18	4-19	4-20

图 4-15　呢喃情缘　杨少华
参考拍卖价 200 ~ 600 元
图 4-16　孔雀东南飞　胡景春
参考拍卖价 300 ~ 500 元
图 4-17　较劲　王有
参考拍卖价 300 ~ 800 元
图 4-18　山鸡　王有
参考拍卖价 300 ~ 800 元
图 4-19　山顶洞人　王有
参考拍卖价 500 ~ 1500 元
图 4-20　马到成功　王有
参考拍卖价 500 ~ 1500 元

图 4-21　待机　杨少华
参考拍卖价 300 ~ 500 元

态和衣纹则用根雕手法，加工成根雕作品。这种突出表现头部雕刻，把其他身体部分做类似顺其自然的造型；或是在作品某个部位的隐喻中表现雕刻，也就是在某个部位进行细致的雕刻加工，能与根材其他部位的天然线条、根块、疙瘩和纹理很好地结合，从而使作品浑然-·体，形成一个完整的艺术形象。

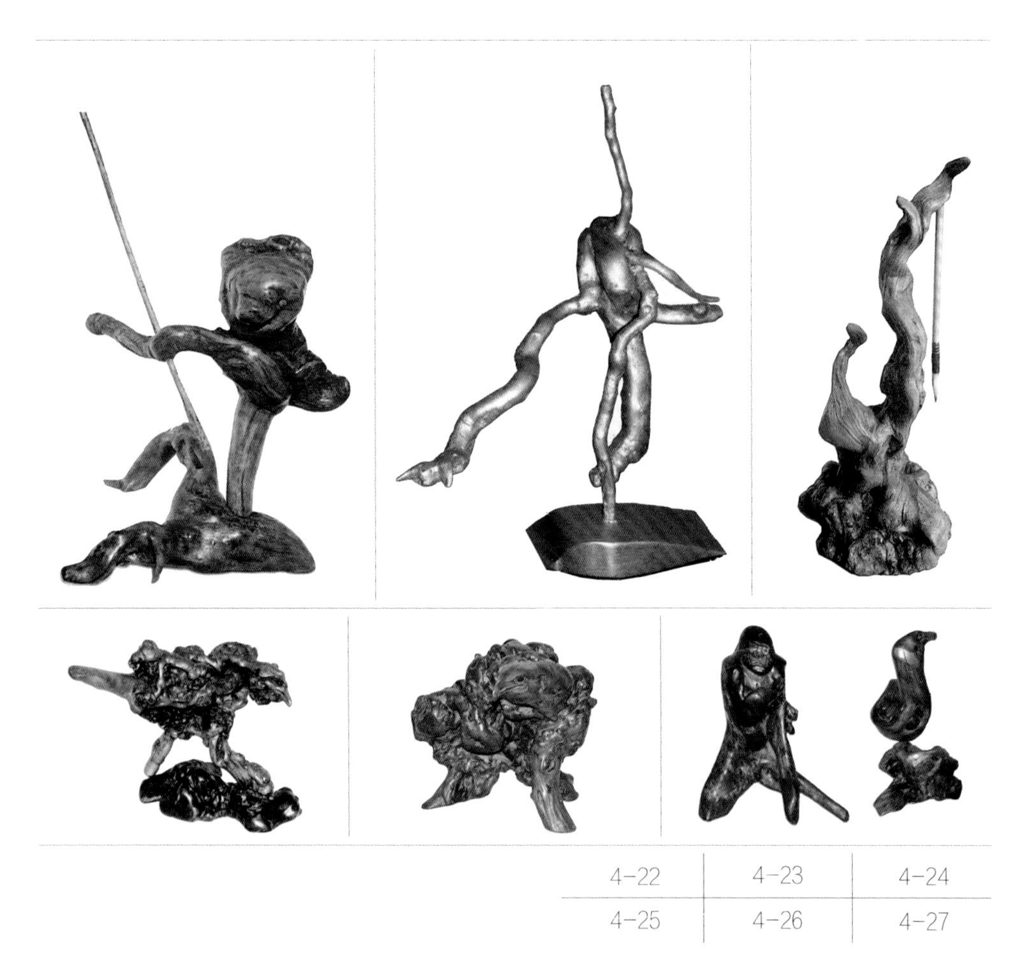

4-22	4-23	4-24
4-25	4-26	4-27

图 4-22　降服牛魔王　杨少华
参考拍卖价 300 ~ 800 元
图 4-23　小头爸爸　路玉章
参考拍卖价 100 ~ 300 元
图 4-24　摆件　路玉章
参考拍卖价 300 ~ 500 元
图 4-25　山鸡　王有
参考拍卖价 500 ~ 1500 元
图 4-26　孔雀　王有
参考拍卖价 300 ~ 600 元
图 4-27　摆件　王有
参考拍卖价 200 ~ 500 元

（三）拼接型根雕

拼接型根雕，一般是指两个或两个以上根雕拼接在一起，是采用组合的拼接手法，营造出根材平直圆曲、高低凸凹的形状，是特定的观赏艺术或实用艺术品的造型。如王有的作品《喊》（见图 4-33），是一件柏木根雕，作品根据一头狮子驼背拖尾、张口登高的动态，加工与之相仿的枝杈根料，利用木工技术中榫卯接合的手法，把座组合拼接于主体作品适当的部位，这样不但形成结构美，而且作品的自然气势更加顺畅了。

又如笔者雕刻的根雕凳子，用根茎和根块拼接而成，按照木工茶几的高低尺度进行构思和制作，几面弯曲造型要表现创意，并要求舒适自然，以达到艺术美和实用美的结合。

再如笔者家里放了几十年的棒槌，随手拼接加上底座，形成一个有型的意念，隐含着传统工具的使用文化。还有一个蔓菁根的小烟灰缸，拼接一个紫荆木根材底座，形成了一个绝品烟缸（见图 4-29）。

图 4-28　根雕椅子　路玉章
图 4-29　烟灰缸　路玉章
参考拍卖价 100 ~ 500 元
图 4-30　问天　杨少华
参考拍卖价 100 ~ 300 元

图 4-31　猴王　杨少华
参考拍卖价 100 ~ 500 元
图 4-32　摆件　王有
参考拍卖价 100 ~ 500 元

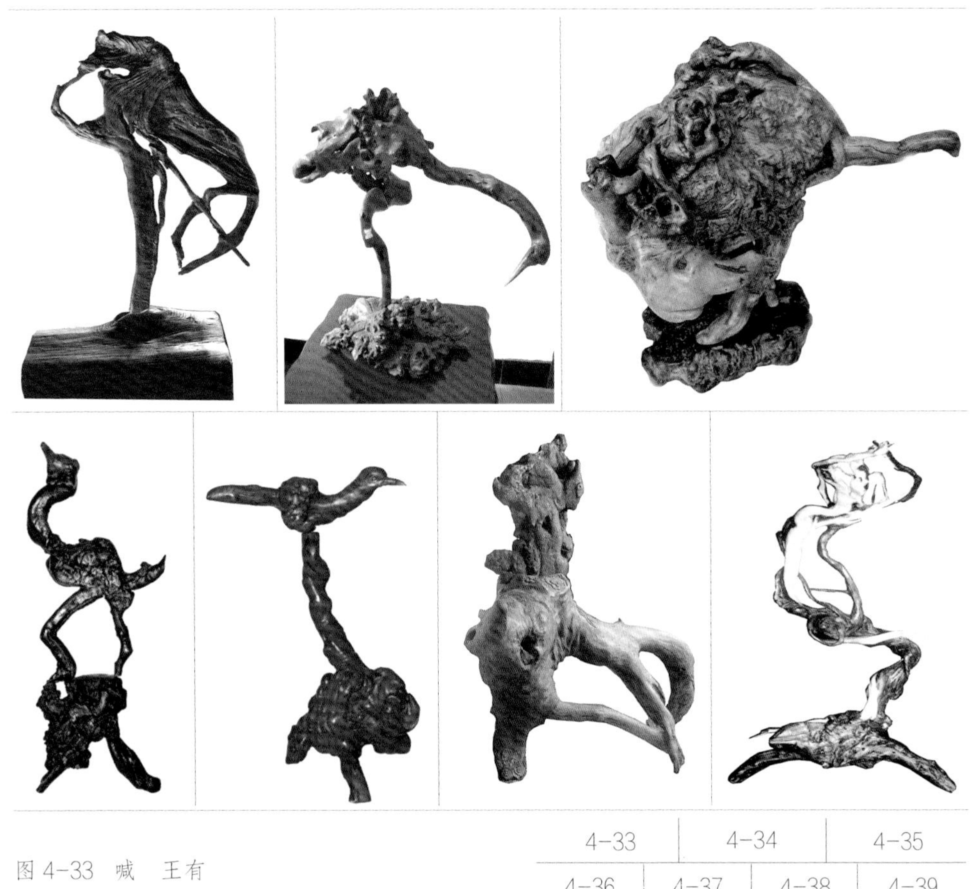

4-33 | 4-34 | 4-35
4-36 | 4-37 | 4-38 | 4-39

图 4-33　喊　王有
参考拍卖价 1000 ~ 5000 元
图 4-34　摆件　王捷
参考拍卖价 800 ~ 2500 元
图 4-35　犀牛回声　王捷
参考拍卖价 1500 ~ 2500 元
图 4-36　摆件　王有
参考拍卖价 300 ~ 500 元
4-37　摆件　王有
参考拍卖价 100 ~ 500 元
图 4-38　犀牛与黄河石　路玉章
参考拍卖价 3200 ~ 8500 元
图 4-39　飞天　路玉章
参考拍卖价 2200 ~ 5500 元

（四）朦胧型根雕

朦胧型根雕，也可以叫木雕，是指木雕和根雕相互结合的产物。看似根雕，但是又不全是根雕，还有木雕的成分。似雕而非，不是也是，即木雕艺术和根雕艺术在艺术美上的某种意义上结合。有的根雕与木雕表现手法相融为一体，有的像木雕但是根雕的形式，有的像根雕但雕刻成分多，侧重动态渲染，而又不像木雕那样细致雕刻。

朦胧型根雕具有含混性，是民俗传承的一种古老工艺。有时往往把作品的内容退到第二位，把作品的审美性质提到第一位。创作中作品的线条、根块的组合以及表现形式重点不一，创作者各取所好，以抽象或是具象的符号表达主观精神。

例如红木黑酸枝笔筒（见图 4-41、图 4-42）的雕刻，一根圆木经过内部凿空、磨光后，根据木质的黄与黑色道顺其自然雕刻，黄色似水、似山石，黑色木质雕刻八仙人物。笔筒以木雕手法恰到好处朦胧地处理了枝杈的节疤，并按照民俗赋予其祥瑞的文化内涵，朦胧形成了主体是根的表象，这种根雕是典型的朦胧型根雕作品。

图 4-40　王宝玉同志根雕创作中照片（李文元提供）

根雕艺人王宝玉的牛、马根雕，几乎把根材全部雕刻，以势取情，如似木雕，虽没有木雕的细致工艺，但雕刻注重跟随根材的动势，这种工艺方式与历史上原始时期利用简单工具制作的工艺做法基本相似。

4-41	4-42
4-43	4-44

图 4-41　红木雕笔筒 1
太原金贵红木家具厂
参考拍卖价 3000 ~ 8500 元
图 4-42　红木雕笔筒 2
太原金贵红木家具厂
参考拍卖价 3000 ~ 8500 元 图 4-43　牛 1 王宝玉
参考拍卖价 200 ~ 500 元
图 4-44　牛 2 王宝玉
参考拍卖价 200 ~ 500 元

（五）装饰型根雕

装饰型根雕主要是利用一些扁平的材料，或者是近似扁平但是略有起伏的根料，创作成一定形象的画面。通常其创作是借鉴中国画和油画的创意，或者是以民间民俗的表现形式，经过整体的工艺处理，给人们新鲜奇特、妙趣横生的感觉。装饰型根雕包括：根贴画、根书画、树皮画、木纹画、树瘿画、壁式根艺等。

当然，装饰型根雕也要和拼接型根雕相结合，这两类根雕是相对的统一体。如作品《祥》，作品表现的是一个“羊”头，按着民俗的特点取其祥瑞之意。创作者制作的《长寿的母爱》（见图 4-45），是由材质细腻的蔓菁灌木制作的一个挂贴画，依情寓意一家三人幸福的画面。

另一个方面，装饰型根雕可以把一些根雕照片用于照片挂件，形成根的画。

4-45	4-46	4-47
4-48		

图 4-45　长寿的母爱　路玉章
参考拍卖价 500 ~ 1500 元
图 4-46　根的画　杨少华
参考拍卖价 200 元
图 4-47　根的画　王有
参考拍卖价 200 元
图 4-48　飞天　路玉章
参考拍卖价 400 元

4-49	4-50
4-51	

图 4-49 根的画 1 王有 参考拍卖价 200 元
图 4-50 根的画 2 路玉章 参考拍卖价 300 元
图 4-51 盘龙 路玉章 参考拍卖价 400 元

根雕照片艺术鉴赏更有其独特的审美价值。

（六）仿真型根雕

仿真型根雕是指在艺术实践过程中，采用根材雕刻艺术仿书法、名画、仿人物动态等进行创作的作品。

仿真型根雕偏重于写实求是，是利用根或枝杈部位樾头的残留材质和轮廓，或者是个别树桩，或是树根的奇异性进行全面的艺术刻画。

图 4-52 幸福（仿字）
参考拍卖价 10000 ~ 50000 元

北京某商店门前的一头

废木块制作的大象（见图 4-53），根据大象的形状钉制而成。这个作品的造型完全按着大象的骨骼、肌肉、结构和皮色加工形成，充分利用了废木块的纹理曲直进行刻画，使形状和神态处理完善于一体，形成一种天工造化、自然生成的刻画美。如果利用根块制作，这个作品价值将更加不菲。

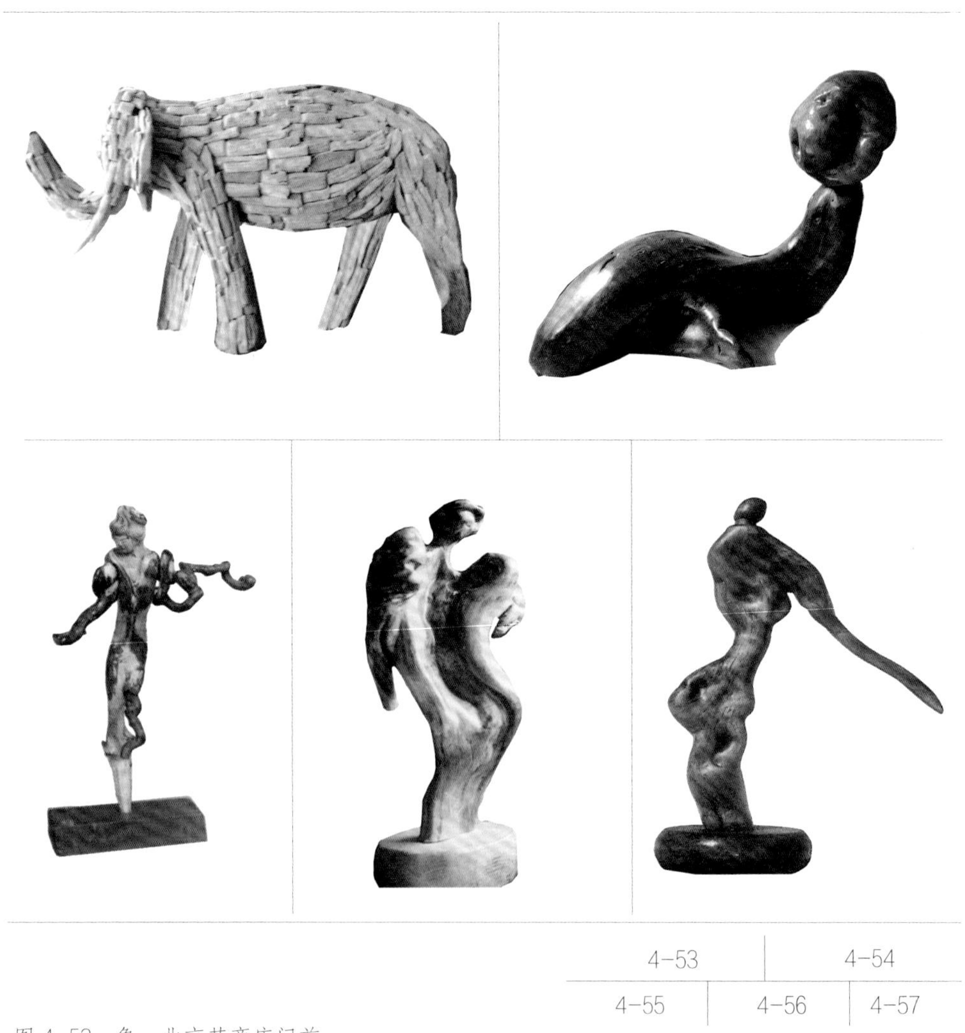

4-53		4-54
4-55	4-56	4-57

图 4-53　象　北京某商店门前
图 4-54　海豚　王捷　参考拍卖价 1000 ~ 5000 元
图 4-55　健美操　翟喜康　参考拍卖价 200 ~ 500 元
图 4-56　维纳斯　卢文国　参考拍卖价 1000 ~ 2500 元
图 4-57　舞剑　杨少华　参考拍卖价 500 ~ 800 元

三、根据根材的性质分类

根雕的材质因稀缺与珍贵而价值不菲，不同的材质形成了不同的类别。按照根的材质，我们可以分为木根雕、竹根雕、树瘿根雕等，山西多以木根雕作品为主。

（一）木根雕

木根雕泛指木本植物的根雕作品。如乔木根雕、灌木根雕，或者是造型有艺术特点的树根、枯木桩、枝杈等。

根雕多采用树木砍伐后的或大或小的树根，结合木雕技法进行局部雕刻，依型生意，顺形取式，以意传神，造化其美。根雕状态显示出来的艺术氛围和根材自然生成的状态融为一体。作品好像是无雕琢状态，但是确实必须进行雕琢。

乔木根雕中南方有花梨木根雕、鸡翅木根雕、黄杨木根雕、灰树木根雕、黄檀木根雕、杜鹃木根雕等，北方槐木根雕、椿木根雕、柏木（崖柏）根雕等。

我国的灌木根雕有山梨木根雕、杜鹃根雕、沙刺木根雕、黄荆木根雕、黑荆木根雕、柏木根雕酸枣木根雕、榕树根雕。

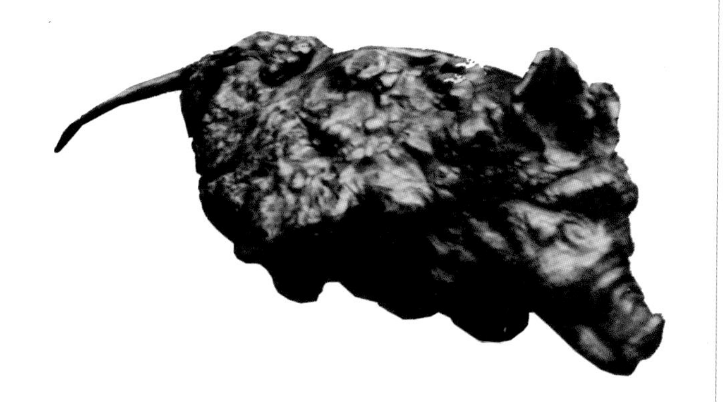

4-58	4-59
4-60	

图 4-58　出壳（崖柏）
参考拍卖价 1000 ~ 1500 元
图 4-59　三“羊”开泰
参考拍卖价 1000 ~ 2500 元
图 4-60　神奇出山（黑荆木）
王有
参考拍卖价 300 ~ 500 元

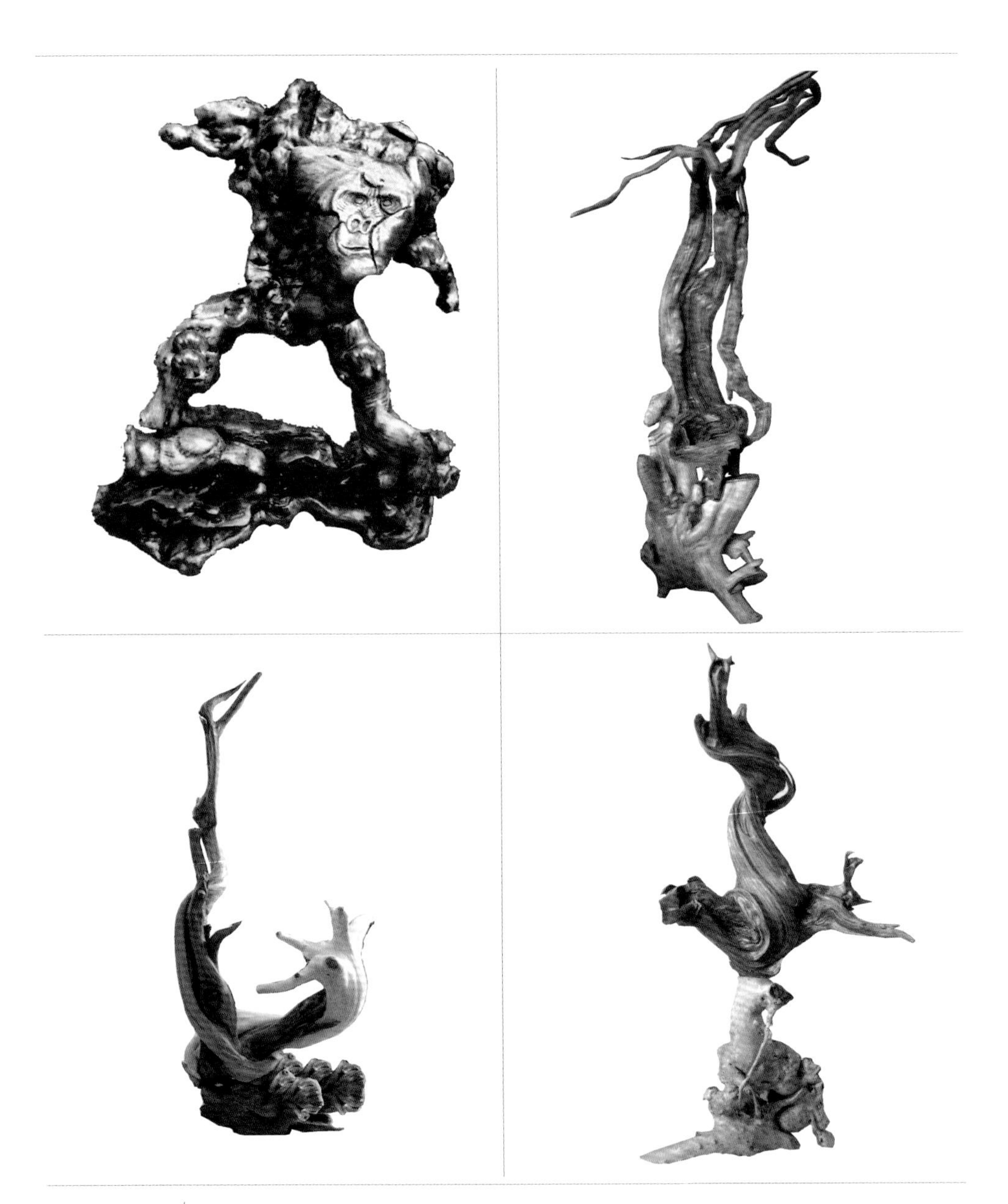

4-61	4-62
4-63	4-64

图 4-61　林中来客（黄荆木）　王有　参考拍卖价 1000 ~ 2500 元
图 4-62　再生（崖柏）　高峰　参考拍卖价 5000 ~ 15000 元
图 4-63　柔情（崖柏）　高峰　参考拍卖价 10000 ~ 25000 元
图 4-64　竞技（崖柏）　高峰　参考拍卖价 10000 ~ 35000 元

（二）竹根雕

竹根雕产生于竹子多的地方，多分布在浙江、广东、上海、四川、福建、江苏等地区。

竹根雕是按着竹材根的螺旋形生长状态，以及须根与主根的天然形状特点，多以人物和动物形象进行艺术创造而成的。雕琢时不但要进行面部的艺术刻画，还要对头发和胡须进行细致的雕琢。有的作品利用古老沧桑的竹竿形状顺其势和取其意，雕琢出人物的身躯或完美的人体衣纹等形态，使雕刻艺术品尽善尽美。

（三）树瘿根雕

树瘿根雕一般取材于病树，或者是树木生长中产生的节疤，再或者是形成的奇异形瘿瘤块，经过细心雕琢，然后加工出作品的主题内容，使自然的形态更加完美和富有表现力。

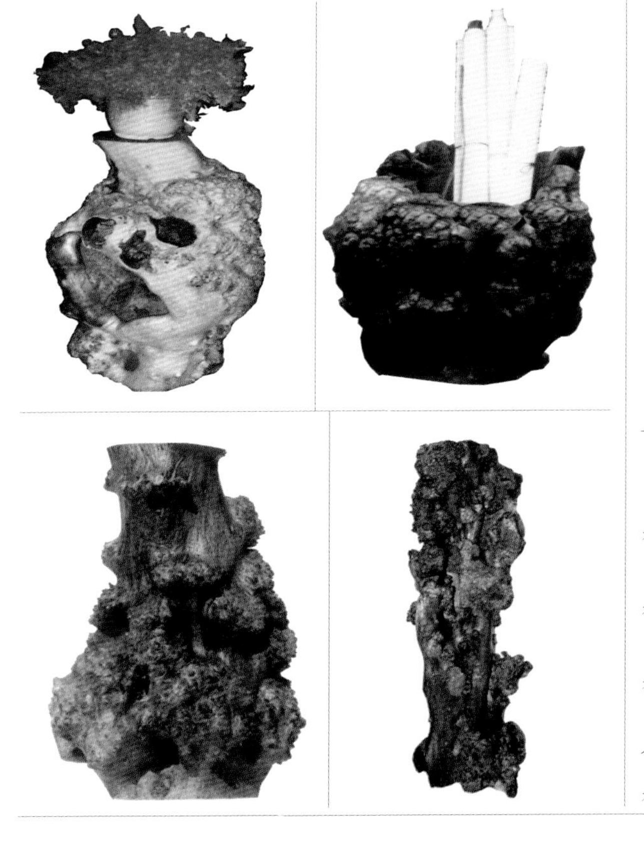

4-65	4-66
4-67	4-68

图 4-65　花盆座（樱木）　翟喜康
参考拍卖价 500 ~ 1500 元
图 4-66　书画篓（樱木）　翟喜康
参考拍卖价 800 ~ 1500 元
图 4-67　书画篓（樱木）　杨少华
参考拍卖价 1000 ~ 2500 元
图 4-68　摇钱树（槐木 1.8m × 1.2m × 0.65m）王有
参考拍卖价 10000 ~ 55000 元

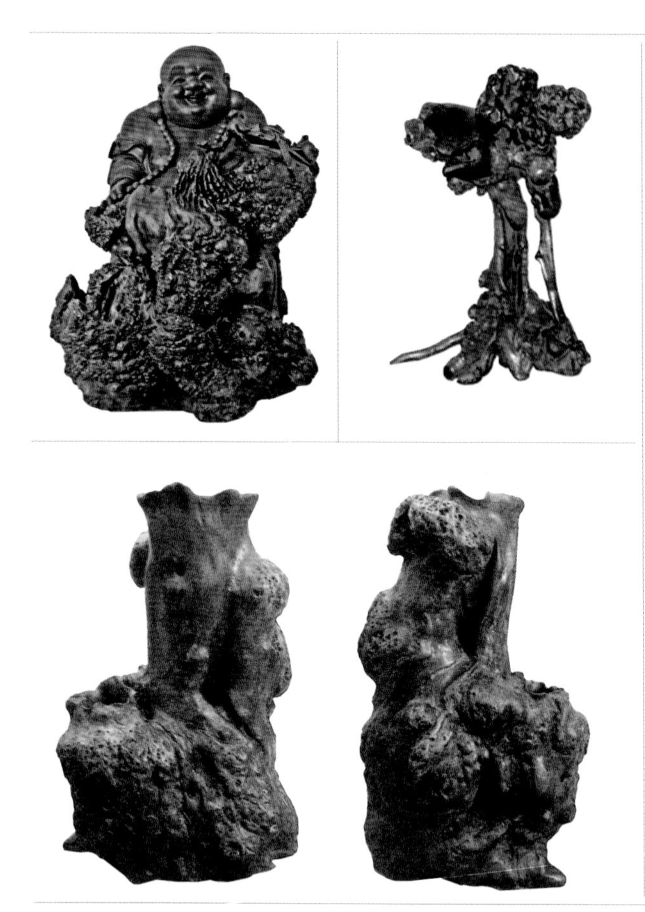

4-69 | 4-70
4-71

图 4-69　弥勒佛（樟木，1.8m×1.3m×0.9m）　北京晋京坊收藏
参考拍卖价 50000 ~ 200000 元
图 4-70　花开富贵（黄荆木）
王有
参考拍卖价 800 ~ 2500 元
图 4-71　笔筒（红木）
申屠复星
参考拍卖价 1000 ~ 3500 元

四、按照根材地区特点分类

不同地区的根雕作品有着特殊的材质与形态上的差别。因为根雕用材的生长地点不同，水质、土、石、山和植物品种也存在着不同，形成了根雕作品的形态、品味方面的差异。由此，根雕作品具有地区性的特征和特点。

现全国各地的根雕作品主要分为：北京根雕、山西根雕、天津根雕、东北根雕、重庆根雕、上海根雕、江苏根雕、河北根雕、河南根雕、湖北根雕、湖南根雕、广东根雕、四川根雕、浙江根雕、广西根雕、甘肃根雕、贵州根雕、云南根雕、江西根雕、福建根雕、内蒙古根雕等。

第三节 根雕和木雕的关系

根雕和木雕既有区别，又有联系。根雕和木雕都是艺术的塑造，其艺术的本质有明显区别，但是材料的性质、工具的运用、创作的原则有相近和相同之处。

一、根雕和木雕的区别

根雕和木雕其艺术的本质有明显的区别，体现在工艺性质、材料选择、加工内容、因材施艺、创作思维、审美鉴赏、虚实要求等方面。

（一）工艺性质差别

根雕一般是利用“三雕七磨”的创作手法，表现美的物象和天然形态艺术，运用巧夺天工、以神取胜、以形取意、随型取舍、惟妙惟肖、生动自然的美学观点对根材进行塑造。

图 4-72 早期的民俗根雕
参考拍卖价 300 ~ 500 元

图 4-73 早期的民俗根雕
参考拍卖价 300 ~ 500 元

木雕一般是采用全面的精雕细刻的雕刻工艺，表现木材加工制作，结构美和装饰美的木质物象艺术。工艺上运用面面俱到的神工鬼斧，刀工微妙、精雕细刻地进行建筑、家具、工艺品等品类的塑造。

木雕分为圆雕、浮雕、透雕，即全面的艺术雕塑工艺范畴。浮雕包括深浮雕、浅浮雕；透雕又是一种镂空雕刻。木雕重在适度尺寸画面上进行雕刻，满足物体的实用性塑造美。

但是，有些根雕采用“七雕三磨”的工艺手法，你也不能说这种根雕工艺不对；有些采用“三雕七磨”工艺制作，自然更是对的。

根雕重在以根形状造型，一个作品一个样，大体说都是绝品工艺，也可以说运用木雕技术为辅助工艺。木雕也可以一个作品一个样，但行不成绝品，有样还可以加工复制。

大体上讲，根雕中含有木雕的部分工序、工艺方法；木雕中只能仿根雕形状雕刻，但不是自然天成的作品。

（二）材料选择方面

根雕选择的是奇形怪状的树桩、树根、枝杈。包括树根、竹根、根瘿、略烂和虫蛀的枯木奇材、灌木、乔木等木材的附属品，砍伐的下脚料等。

木雕选择的是树木经砍伐的树桩、树枝的成材部分。包括圆木、板材、板方材、薄板等木材的优质成材。

（三）加工工艺的方面

根雕是以刮皮磨光为主，雕刻工艺为辅，或只作少量雕琢进行加工。

木雕是以雕刻加工为主，磨光工艺为辅。雕刻工艺的制作过程中，刀功刻画要求面面俱到的加工工艺处理。

（四）因材施艺方面

根雕因材施艺，是在杂乱无章盘根错节的根料中，或是奇形怪状的枯木中，发现美、找到美，直接地用加减法，创作出自然的魅力。

木雕因材施艺，是在经过图样设计、放样复制、一步一步经过雕刻加工，间接地用加减法组合加工成物象的形态。

（五）创作思维方面

根雕是以树根的客观形态表现为基础，进行雕磨加工，创作构思为自然生成。创作者本身的主观意识一般不能随便地强加和改变根料的整体形态。

图 4-74　椅子靠背凤凰的透雕形式

木雕是创作者主观意识创作构思出作品的形状，选择长短、粗细、纹理、厚薄等合适尺度的木料进行工艺加工，或者本身能强加和改变材料的使用状况和造型形态。

（六）审美鉴赏方面

图 4-75　山西楸木寿盒　路玉章
参考拍卖价 800 ~ 1500 元

根雕创作者的主题是随型创意。根雕的天然形状越真实、越自然越好，包括点、线、面、块的自然纹理和自然形状。

木雕创作者的主题是工艺加工。木雕的刀功雕刻手法越具体、越细腻越好。尤其在建筑、家具、工艺品等雕刻中，还包括结构的组合工艺加工制作。

（七）虚实要求方面

根雕讲究虚拟和渲染。比如，人物的头甚至不需要雕刻，或是有的根材只进行头部刻画。一种根雕只是靠自然生成的形态让人们进行审美，另一种根雕把根材局部进行全面雕刻，也是一种自然物象与雕刻物象因材施艺的有机集合。

木雕讲究真实。比如，人物作品的每一部分线条圆曲、骨骼衣纹、手指动态等方面的刻画都要表现得和真人一样。

二、根雕和木雕的联系

（1）材质相近、相同，都有木本植物的性质。

（2）制作方法大同小异，都使用木工的锯铲、刨刮工具。根雕多方面借助木雕工具，可达到事半功倍的效果。

（3）创作原则有相同之处，即神形兼备，因材施艺。创作中造型自然，主观意识和客观要求相统一。根雕艺术和木雕艺术都是我国传统的民间雕刻艺术。

工具及使用

根　雕　工　艺

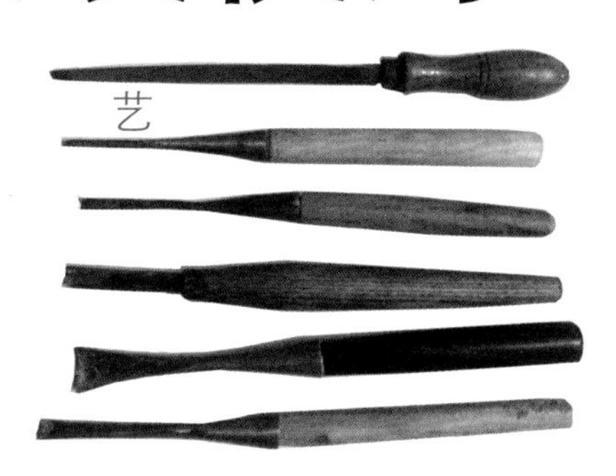

第五章 根雕工具及使用

“工欲善其事，必先利其器。”根雕作品的制作必须具备适当的工具，才能满足制作的需要。想做好一件根雕工艺作品，必须具备好的工具。一个人的审美理想再好，审美悟性再高，也必须先掌握和熟悉根雕工具与其使用方法，只有这样才能保证根雕作品的完美制作。

“是匠不是匠、专比好作杖”，笔者从事木工工艺与创作研究，认为根雕工艺的工具少而简。但即使利用很平凡的工具，懂理懂艺就可以达到事倍工半的创作效果。

当然根雕创造中使用木雕工具更好。

第一节 锯子类工具

传说鲁班发明了锯子与打线的墨斗，有的研究者把锯子的发明时间还往春秋战国以前的时间推算。不管怎样，在诸多锯子类工具中，根雕制作工艺只采用少量的木工锯。根雕常用的锯子为：中齿锯一把、弯锯一把、平板手锯一把。

一、锯子的样式

图 5-1　中齿锯与弯锯

中齿锯：即齿型中等、齿牙不太大的锯子。一般选择锯条长450~600mm的即可。中齿锯主要用于锯割较大的根材，或者是锯割平面式底座。中齿锯形状是中间的锯梁支撑上下的锯拐，受胀紧螺丝的紧固，形成了铁丝的拉力把锯条胀紧，也叫木工框锯。

弯锯：弯锯的齿型一般为细齿，其齿型要比中齿锯略小一些。适合于弯曲根枝与弯曲形状的锯割。因锯条狭窄，可以方便地锯割圆形材料的各种曲线。弯锯锯条固定在锯拐架上，使用中放松胀紧螺丝，锯钮的扭转可调整锯割方向或锯条与锯拐的操作角度，然后拧紧螺丝胀紧锯条进行锯割。

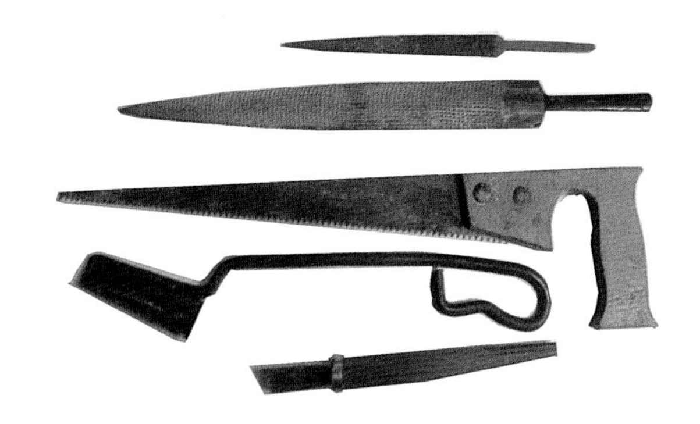

图 5-2 小木锉、大木锉、板锯、搜锯、雕刀（由上而下）

平板式手锯：其齿型中粗，锯条长一般为 300mm 左右，适合于锯割根材的多余根料。平板式手锯一般市场购买方便。

二、锯子的维护

锯子的维护主要是解决和掌握拨料锉齿的方法。拨料是根据锯割目的对锯子齿刃进行或左或右不同形式地分岔处理。齿刃分岔处理时，齿刃左右摆动或宽或窄，要形成均匀的状态，叫做锯路。锉齿是根据锯子教工木料的软硬，分为两种。横向锯割的叫横锯，顺木纹锯割的叫顺锯。锉齿的目的是为了对齿形角度进行调整和挫锐。

新购买的锯条常不开锯路，也未进行锉齿，所以不能锯割。必须先开锯路进行拨料锉齿。拨料时以锯条本身为中轴线，根雕的锯路以“左中右”形成，用拨料器进行锯齿分岔左右摆动，手劲一定要一致，使锯齿摆动幅度一样。锯料路匀，锯子才好使用。

（一）锯齿拨料

拨料的目的是对锯路进行调整。锯割根料小、软木料的锯路拨料要窄而平直，锯根材较大的木料时锯路拨料要宽。因为在锯割过程中，锯路窄时，木质起毛或根材自身的胀紧收缩，使摩擦力增大，就会把锯条夹住不能锯割。

实践中，湿材、硬材、粗宽根材、有弯度的根材，锯路拨料要宽；干根材、较软根材、木质细的根材、纹理均匀的根材，锯路拨料要窄一些，也可叫做料路要小。

另一方面考虑锯割的数量，一般锯割量多时再变动锯路，少量锯割不需要常变动锯路的拨料。

（二）锯子的挫锐

锯子的锉齿是为了保证齿刃的锋利。锯子用于根材锯割常常要直挫、深挫为好，目的是锯齿和刀面直线应形成一定的夹角。一般情况下，齿背角30度，齿喉角90°，也就是三角锉的一面和锯身相垂直，另一面自然形成30度，这样的齿刃便于横顺根材的锯割。

挫齿时，锉要选择纹细耐用、钢性好的三角锉；劣质的锉，用不了几次就变钝不能用了。

三、锯子的使用

首先安装的锯条要注意安装时的锯齿刃一定要向下，不能反方向，拧紧锯螺丝、胀紧锯条才能使用。

锯割姿势要左脚用力踏稳木料或根块，右手把锯握紧，向下锯应轻扶锯子不能用力太大。锯根材时要慢慢向下往复锯割。锯子因锯条很薄，用力太大容易形成锯条不走直线。

锯割不直有四方面原因：第一是画线不正；第二是锯条拨料不匀；第三是挫齿不平；第四是锯割姿势不正确。不会锯割者，往往不管锯条有多大的力量，而用很大力气锯割，越用力越走线。俗话说，“锯无空回”，实际上木工锯不能往复来回锯割，这只是强调要轻拉轻锯。所以要求轻轻地使锯，就是用力轻轻地向下推锯，用力恰到好处，即可达到理想效果。

第二节 刨子类工具

刨子可选择木工刨中的中刨和小刨，对于根雕常用的是铁柄刨。中刨用于加工一般的刨削平面，如底座、根块的平面。小刨用于净光中刨刨出的戗茬以及不光滑的地方，起修正光洁作用。铁柄刨用于树皮或根雕整形。铁柄刨因刨身短，能合理地顺其材的弯曲形状进行刨细和刨光的动作。

一、刨子的样式

中刨的规格：刨身长一般为300~355mm；刃的宽度一般选择44mm较好。

图 5-3 卡具、小刨、刨刃、铁柄刨、中刨、扳手（由左至右）

小刨的规格：刨身长一般为 150~200mm；刃的宽度为 44mm 较好。

刨子的整体由刨身、刨柄、刨楔、倾口、出渣口、倾斜线等部分组成。

刨子的制作原理是加工刨子时一定要解决好倾渣口的大小，倾斜线的斜度，刨刃的平稳性和刨楔能否牢固地稳固刨刃。

倾口的大小以刨刃宽窄的基本尺寸为准。刃有多宽，倾口就做多宽，刃口的宽度加上刨楔的斜度和厚度就是倾口的长度。离刃口大约 18~20mm 安装刨柄。

倾斜线的斜度是刨刃在刨床上形成的角度，角度大小决定刨料时是否省力，又决定于刨料时的戗茬大小，即逆木纹产生难刨和不光滑的形状。大约 45 度 ~50 度为一般中刨的斜度，比较省力且戗茬大。大约 50 度 ~55 度为细刨的斜度，比较费力且戗茬小。木工师傅在加工刨床时一般按口传身授的秘诀，通常讲“寸倒九，刨着轻”“寸倒八，小戗茬”“寸倒寸，铁盖分”，就是按着刨身的厚度和倾渣口的长度，成比例为 1：0.9、1：0.8、1：1 的斜度，由自己设计制作。其中 1：1 的比例是加上盖贴稳固刨刃，以盖铁刃部的刨刃刃部相差的距离来解决戗茬问题的。

二、刨子的维护

（一）磨好刨刃

新购置的刨刃，需要研磨好后才能使用。一是先开刃，在比较粗的磨石上进行细磨，刨刃才能达到真正的锋利。

磨刃时放稳磨石后，把刨刃的刃背面紧贴在磨石上，做前后往复的平行运动推进研磨。保证研磨的刃面平整，不能出现刃面弧圆形状。

磨刃时刃背面的研磨，斜面一般保持 35 度左右。手要捏稳，前后往复研磨不得翘动，刃背面一定紧贴于磨石，使刃口边形成一条直线。有时略带一点卷口，反过刨刃正面平放在磨石上，紧贴磨石作平整拓磨。拿起刨刃衡量刃口是否锋利，要在阳光下观察，用眼看刃口部有无刃顿的亮线，如果没有，证明刨刃已经研磨锋利了。

（二）手工刨的使用技巧

手工刨使用时，先调整好刨刃的切削量大小。调整时，左手握刨，用锤子敲打刨子后端的端面使刨刃松动，并用大拇指压紧刨楔和刨刃，反过刨子底面，从刨子前段面用眼瞄视底出刃口处伸出刃的背光面黑线多少。伸出的多视为刃大，伸出的少视为刃小。要平行均匀，不得太大，造成不能使用。刨子调整好后稳固刨楔，用锤子轻击刨楔胀紧即可，用力太大会损坏木刨床的倾口，造成不能使用。

根雕一般只作一些根块平整的刨削。比如，木板和底座的平整与加工。具体要求，第一是姿势正确，掌握刨削方向和确定刨削位置。第二是握刨柄的手指及掌部要形成一种向前推进姿态。刨削推出时，不能光靠手和胳膊的用力，身体也要前俯，靠身体前俯和胳膊的整体出力形成一定的惯性，向前推出刨削时才能省力。

第三节 铲刀类工具

雕刻铲刀一般有去皮刀、三棱削刀、平铲、圆铲、斜铲等多种形式。按照根雕艺术的分类，根雕的种类不同，选择的雕刻工具也不相同。例如大型艺术品，选择铲刀的型号易大不易小；木质硬的根雕作品铲刀选择要厚实、硬度大；小型根雕艺术品铲刀型号选择易小不易大。

一、去皮刀

根雕的皮和泥土以及碎石常常混杂在一起。要求去皮刀的材质要硬而不脆，坚韧而锋利。去皮刀的形状可以根据个人爱好，请有经验的师傅打制。自行制作可利用金工车间机械用的废钢锯条，在砂轮上磨制出一定形状的去皮刀，加制木柄，以个人喜爱好用即可。去皮刀也可以用三棱刮刀代替，在市场上购买用于汽车修理工使用的三棱刮刀即可。

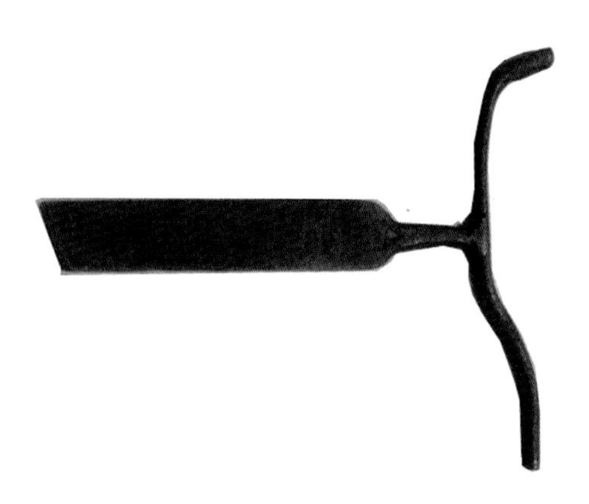

图 5-4　去皮刀

二、大铲

大铲可分为平铲和斜铲，主要用于根材粗胚轮廓的铲削修正，例如去除多余的根，或者将略长的根边缘铲光。大铲的构成由铲柄和铲身组成。使用时用木锤或锤子敲打，可进行切除或者剔雕。

平铲、斜铲使用时，同样要防止铲子晃动，伤着手和身体。平铲、斜铲使用的方法和姿势可参考木雕铲削的姿势。平铲用力时，左手拇指一定要辅住铲身，保持向前方推动用力的状态，便于铲销省力。斜铲、平铲用木锤敲打打凿时，不能用刃面垂直摆动，尤其硬木根材，容易扳断损坏铲刀，一定要以刃的宽度方向左右摇摆提铲，保证不损坏工具。

三、雕刀

雕刀有平刀、斜刀、圆铲，还有三角形的多用于阴刻线的龙须刀。木工雕刻的雕刀都可以借用，美术篆刻用的刻字刀也是可以利用。如果进行雕刻可根据自己的专长和爱好自备刻刀。并且还要考虑自己所处的地理环境、根材来源、材质地区的特点以及制作工艺品的高低档次，选择准备适合自己加工使用的雕刀种类及数量。

（一）雕刀的维护

雕刀的维护首先是磨砺。磨砺的方法和磨刨刃的方法基本上一样。但雕刀因把柄长，磨砺时注意平行往复磨刀，这也和磨刨刃一样。但是圆形雕刀和龙须

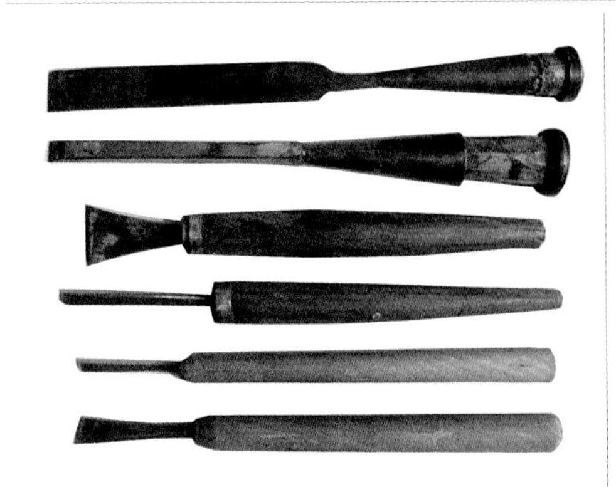
图5-5　凿刻大铲、凿子、圆刀、平刀（由上至下）

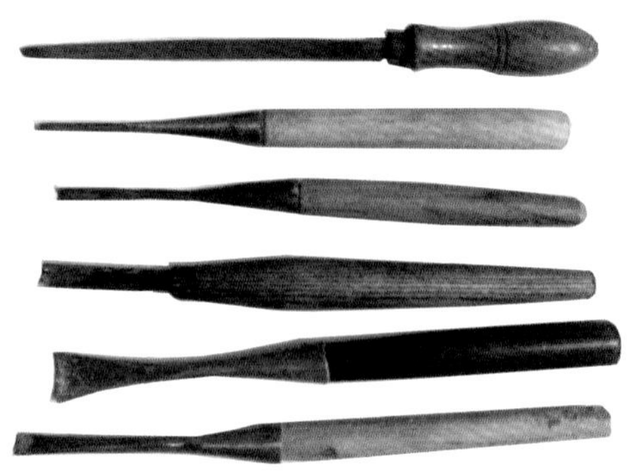
图5-6　挫锯三角锉、半圆打胚圆刀（由上至下）

刀在磨砺时有区别。圆形雕刀根据圆形的内外刃，必须内刃在圆磨石上精心细磨，无圆形磨石必须在磨石的棱角处磨成圆状后，再磨圆雕刀的刃部。关于外圆雕刀的磨砺，需在平面磨石上以外圆形状进行转动磨平即可。但是外圆的刃部须顺着曲面拓修平整。龙须刀的内三角一般为60度，磨刀时，外角两面刃部，可在平面磨石上研磨，但内角必须找有刃角的磨石把内角面磨砺平整。

（二）雕刀的把柄

雕刀的把柄要根据雕刀的形状安牢实。有的雕刀有装把柄的刃，较为好制作。有的雕刀只有平刃，制作较难，其方式是，找一块木纹理顺的硬木，把其劈开分为两半，把雕刀片合理地放在分半后的硬木中间，用铅笔画好轮廓，用雕刀铲出放入刃后硬木的厚度，再把两块木料胶合在一处，把雕刀刃装稳，用卡子卡紧待干后，推磨光滑即可。

（三）雕刀的使用

雕刀使用以铲刻为主。雕刻时道具要有规律的放在工作桌前面（右工具盒更好），不能乱扔放。雕刻中，切、刻、削、划、刮等手法，一定要注意不得随便摆动，避免刀的刃部划手。并注意所有雕刀不能放在工作桌面的边缘上，防止掉下时把腿和脚铲破。

雕刻中右手拿刀，进行切、刻、削、划、刮时，一般要用在左手的大拇指辅助雕刀的刀身向前推进，或辅住刀身，或辅住斜削，这样比较省力安全。

第四节 锤、斧、锉等工具

根雕制作过程中，应很好地了解锤、斧、锉、卡具等工具，才能保证制作中正常的使用。

1、锤子

锤子有木锤、羊角锤、鸭嘴锤。木锤主要是用于打击铲凿雕刀；羊角锤和鸭嘴锤主要用于钉钉子，打击根材的泥土，敲击铲凿等。

5-7 羊角锤、斧头（由上而下）

羊角锤是常用的工具，锤头羊角夹缝处方便起钉子，其锤头端面要平整。俗话说："木工锤子打平面，钳工榔头打四点。"就是说木工锤面平易钉钉子，钳工榔头适合打圆点。是因铁板硬度高，打击力量只能以点锤击。如用榔头钉钉子，锤面略圆敲打时容易使钉子弯曲。

木锤要求用硬木制作，还得要求密度重的木料，如枣木、柞木、色木、槐木、刺槐、檀木等，比较好使用。

2、斧头

斧头有双刃斧和单刃斧，是雕刻和砍削根材的工具。双刃斧正反两面砍削自如，适合劈削大的根材；单刃斧砍削直边比双刃斧好使用。两种形状的斧根据自己爱好和使用习惯购置。另外，斧还用于较大力量地钉钉子和锤击。

斧头砍削时，要时时注意使用安全。右手砍削时左手扶料一定要注意避开斧刃的落点，防止砍伤左手。双手砍削一定要放稳根材注意不要砍伤腿脚，也不要砍伤他人。砍削时先辨别清楚根料的木纹方向。要先一段一段的砍断，也叫切断，然后顺纹砍削如砍削节子，先顺木纹砍削一面，反转根料再顺木纹砍断另一面，大节子用锯子锯割。乱木纹的根料要多次调换砍削的方向。

斧头的研磨尽量不要和砂石、铁具相碰，避免刃口变钝。若斧刃使用变钝，要进行研磨。

研磨斧头和刨刃研磨方法相同，但斧刃宽大，一定要使斧刃的坡度贴紧磨石，做前后移动研磨，研磨动作不可翘动，磨到斧刃口灰青色、无缺口和无亮线时.反转平面拓平研磨儿下去除卷口即可。

3、锉刀

锉刀有木锉和钢锉。木锉用于锉磨根雕的平整面和圆滑的曲面。因木根上有泥土、杂石，最容易使锉变钝，广大根雕爱好者购买时要选择高质量的锉刀。钢锉有平板锉、三角锉。平板锉用来锉磨木锉锉磨留下的不平整地方或直接用于锉磨光滑的根雕产品。三角锉有小型和大型两种，一般用于错锯和锉磨根雕。

木锉使用时要注意锉手，尤其是新术锉，右手用力左手相扶，左手定要离开木锉加工部分；木锉存放定要远离铁器，保证不使木锉变钝，以便正常使用。

4、卡具

卡具是根雕个别部位有裂缝和需要拼接时使用的工具。粘合裂缝，把胶料注满一经卡紧干燥后，能保证质量。一般情况下能根据根材的性质选择质量好的材料个别拼接制作。拼接时一定要双面用胶后卡具卡紧干燥，即可保证胶粘质量。

第五节 机械工具

根雕的机械工具利用较少，一般使用的都是小型电动工具。锯、钻、铣、磨刮，能够提高根雕加工效率。

一、手电钻

手电钻一般选用 6~10mm 规格的，并且应备相同规格的钻头。手电钻常用于打空，如拼接、钉接作品及根座的连接。其使用要求参考购买时的说明书。

二、打磨机

可在市场上购置一定规格的打磨机。打磨时选用的砂纸应选粗号和细号的两种，先粗磨然后细磨。

三、刮刀

这里提一下刮刀（见图 5-8）技术，一般根雕作品少使用这种技术手法。如果能像古典技术木工刮光一样，使用这一技术可以达到事倍功半的精致效果。

机械工具还可以选择一些木雕用具，可根据自己的需要配置（见图 8-9 ~图 8-12）。

<table>
<tr><td>5-8</td><td>5-9</td></tr>
<tr><td>5-10</td><td rowspan="2">5-12</td></tr>
<tr><td>5-11</td></tr>
</table>

图 5-8 铁刀、刀片、刮刀

图 5-9 手电钻与抛光轮

图 5-10 角磨机、锯片、磨盘、抛光盘

图 5-11 油石、异性油石

图 5-12 打磨机

制作工艺

根　雕　工　艺

第六章 根雕制作工艺

根雕的创作工艺一般从选材、构思、剪裁、去皮、定型、雕琢、磨光、配座等几个方面阐述。

第一节 选材

根艺的内容丰富、题材广泛、形式多样。作为根艺爱好者，首先应具备一定的艺术修养，具备一定的制作技艺，这样才能选好材。

图 6-1　渴望（崖柏）
参考拍卖价 1000 ~ 5500 元

由于每个人的艺术修养不同，文化素质不同，总会在制作方面和审美观念上体现出差别，以及在作品和内容文化内涵的深浅上的差别。只懂得制作技艺，而不具备艺术修养是“匠家”。因此具备一定的历史文化知识和一定的美学基础，并掌握制作技艺，你的根雕作品档次才可能会高，文化内涵才会丰富，你才可能会成为“专家”。

假设要制作个飞天题材的根雕作品，制作者如果了解敦煌莫高窟中的飞天，大同云冈石窟中的飞天，山东武侯祠汉画中游“羽人”的飞翔，古代波斯有飞天小爱神浮雕艺术。那么，他就懂得飞天的形态有身体修长清秀美丽的，有丰满雍容状的，还能分别出乐飞天和散花飞天。当创作者个人具备一定的制作技艺时，他选材要制作飞天一定能用好料造好型，“迁想妙得”制作出高水平的艺术品。

所以学习根雕制作技术，一定要从艺术修养中加强文化修养和具备制作技艺，一定要从制作中感知艺术的博大精深。

一、选材要适宜

适宜的根材应区别地区植被、气候、环境存在的差异和根料的不同。南方地区森林带树根、树瘿和竹根常表现为精巧细致，北方地区灌木根比较多，常表现为自然大气。

二、选材要爱护环境

爱护环境，爱护植被，这是根雕创作者的素质。不能去人为地为制作根雕而破坏我们的环境。

因为根材不能全从植被中挖，我们在生活中要留心收集好的根材。例如，乡村烧火的木材疙瘤，修路时土石方中挖掘出的根材，天然干河槽中冲刷出的根材。这些大自然中被遗弃的废根和枯木中同样可以寻奇觅美，只要有心和用心识别拾遗，就会有收获。

三、选材要认识材质

不同的根材有着不同的质地和气质。如广西的杜鹃树根材质中等，质细腻易雕磨。山西的柏木根，黄红相间的颜色，其材质很容易雕磨。山西、山东的黄荆木、黑荆木、酸枣根等根材天然成趣。枯榆木带虫蛀过的腐根，其雕磨后更呈现出质地坚实、绚丽大气的样貌。南方的花梨根、鸡翅木根、紫檀树根和白檀根，质地硬而易雕琢。

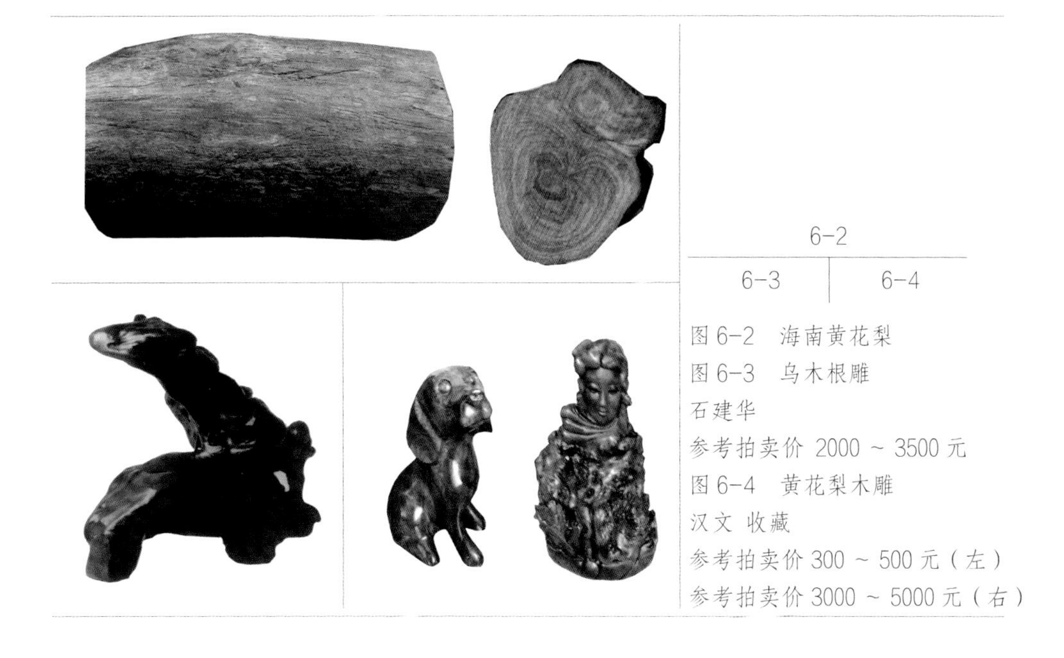

图 6-2　海南黄花梨
图 6-3　乌木根雕
石建华
参考拍卖价 2000 ~ 3500 元
图 6-4　黄花梨木雕
汉文 收藏
参考拍卖价 300 ~ 500 元（左）
参考拍卖价 3000 ~ 5000 元（右）

6-5	6-6
6-7	6-8

图 6-5　花梨木根雕茶台　檀逸轩收藏
参考拍卖价 20000 ~ 35000 元
图 6-6　出壳（红荆木）　王有
参考拍卖价 500 ~ 1500 元
图 6-7　崖柏
参考拍卖价 100 ~ 500 元
图 6-8　榕树根材
参考拍卖价 800 ~ 1500 元

四、选材要选奇

奇有自然生成的奇妙，也有自然损坏的奇特。一些病变、带腐的树根，一旦把烂体的部分合理地去除，所留出的空洞、瘦身、横皱也会形成艺术美。选奇材要注意发现，在创意中寻趣寻美。

图 6-9　飞禽（榕树根）　路玉章
参考拍卖价 200 ~ 500 元

五、选材要选美

材质好的根雕当然价值高。材质轻的根材虽然质地略差，如一旦发现其特有的美，当然也是一件贵重的物品。

笔者无意中在家中花盆中发现一个将要扔掉的榕树小根，人们不会想到这种小根也能做根雕。在水中浸泡两天脱皮雕磨后真是美极了，随便找了一块方木座，经过打磨后，插于方木底座上，一个根雕作品艺术形成了（见图 6-9）。

六、选材也要考虑数量

根材有曲有直、有圆、有方，高高低低，疙瘩大小长短，千变万化。只有创作者留意一根小的曲根、一块不起眼的节疤，一块腐烂的木头、一根不同寻常的树枝，只要你留心收集，可能在不经意间会发现艺术拼接的美趣——天生之材都有用。

七、选材也要考虑“因材施艺”

根艺的特点是以天然的形态美为基础的，根料的优劣对作品创作起决定的作用。根材施艺就是以优秀的制作技艺，从杂乱无章、盘根错节的树根中发现美，找到美，创造出优秀的作品来。

图 6-10　山西晋德根艺拍卖图册

根雕艺人石建华同志近 60 岁，90 年代在制作根雕艺术创作中颇有造诣，多次参加全国各种展览活动，他的根雕艺术创作在造型艺术、涂饰打蜡、制作技艺方面都引领了当时的山西根雕潮流，把山西根材的材质特点与地区的艺术氛围相结合，推出拍卖行。他的选择材质的数量与因材施艺工艺表现很好。

6-11 | 6-12

图 6-11　看门狗（材质黄荆木）石建华

参考拍卖价 1000 ~ 2500 元

图 6-12　博古架（黄荆木 1.6m × 0.8m × 0.42m）　石建华

参考拍卖价 3000 ~ 4500 元

第二节 构思

构思既是对艺术品的设计，又是造型的前提。根雕作品都要根据材料的形体状况进行取舍剪切，这样才能得到最佳的艺术品位。这种取舍剪切加上雕磨的制作过程，都需要构思。

如，现年 47 岁的根雕艺人贾永庆，作为一名机关工作者，在工作之余对根艺进行创作和有益的尝试，根雕作品表现了他的艺术特长。他对根雕艺术的爱恋是从幼小心灵的萌发，爱好只要坚持数年，必有收获。从小以来，坚持不懈的追求是他的信念，对艺术就是对美的不断创造。根艺是他在其他艺术爱好的基础上产生的又一浓厚兴趣。可以说是他对书法、绘画、盆景等艺术又一种新的尝试，根雕是他艺术的延伸与丰富，是他艺术人生中一个新的追求和体现。

构思带有情感，人类对艺术的爱美心灵总是带有情感的。根雕的艺术伴随着时代的变革和发展，人类生活的精神需求和艺术美的需求，是情感的重要表现。人们要得到居住条件的满足，居室环境的摆放舒适，首先应感受到根艺的实用性和美观大方。实用性表现在根艺须达到使用功能的满足，这就是大小宽窄高度的尺度适中，因材使艺，自然成器，以符合使用的功能。

美观大方表现在对根艺的制作造型必须优美，木质纹理的顺畅，触觉舒展

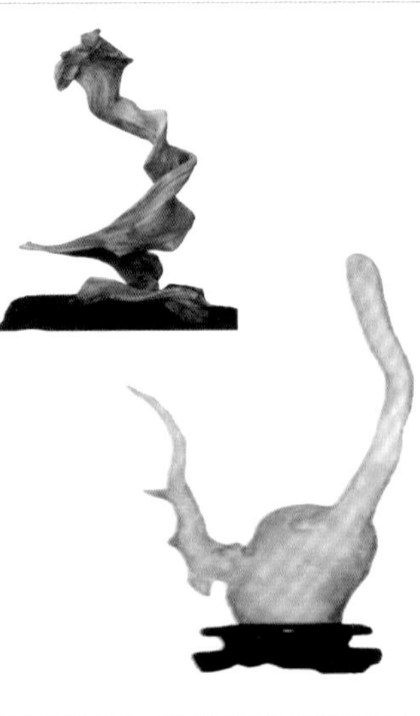

6-13 | 6-14

图 6-13　守望与依赖
贾永庆
参考拍卖价 500 ~ 1500 元
图 6-14　追风与生存
贾永庆
参考拍卖价 1000 ~ 2500 元

平整，外观光滑与舒适，构图符合自然神奇的艺术要求。所以，根雕先是以满足人们生活美需求的一种情感艺术，逐渐转化为人们带有艺术审美情感的一种居室摆放的艺术作品。

艺术总是相通的，人们对美的追求是永无止境的。所以说，人们爱上根雕这门艺术纯属顺其自然。根雕在我国有着传统而悠久的历史，它从民间发展而来，在历史长河中起起伏伏，是劳动人民对美的不懈追求发展的结果，它可以变废为宝，化腐朽为神奇，可以创造构思出意想不到的境界和出人意料的效果。最终根雕成为艺术天地中不可多得的艺术花朵，引人们有无限的遐想和艺术享受。

贾永庆在根雕创作过程中，尽可能遵循"天人合一、与天同创"和"三分人工、七分天成"的原则，虚心向前人学习，并通过自己对树根的不同材质，给以不同理解，不断潜心揣摩，与此从中挖掘出自己想要得到的效果，经过几道工序最后成型，使其迸发出它应有的独特魅力和艺术异彩。目前他的作品，成型与半成型的已有百十来件，在今后的根艺创作道路上，仍然需要刻苦努力不断挖掘，争取拿出更好、更令人满意的作品来。

绘画也罢、雕塑也罢，收藏也好、根艺也好，贾永庆自己都愿意去涉猎，都想尝试。他说："人的天性是不爱单调的，尝试不成名不要紧，尝试不成家也不要紧，不管作品有多少，不论作品是否获过奖，重要的是创造出一种快乐的生活，找到一种人生的乐趣，用艺术丰富人生，用艺术增添光彩。"愿人们都向快乐看齐，在波澜壮阔的生活大河中，寻找诠释艺术的真谛。

一、构思是艺术品创作的主题

如果我们对某件根料进行设计，需要考虑是做抽象的还是具体的艺术品，是做观赏的还是实用的艺术作品。根雕主题必须明确，并且往往"没有最好，只有更好"。这就需要从样式、造型、形态修饰的点缀和完善方面进行美学加工。根雕主题，就是在制作构图方面力求按照根料和根块大小，弯曲状态和分布状况，长短适中和高低错落，上下呼应和相互联系，疏密相间以及多姿多态的曲折变化等方面来构思。就是在构思中寻奇、寻妙、寻精、寻"神"。确定主题必须多观察、反复琢磨，给物施情，与物移情，从而创作出美的效果。

二、构思分整体构思和局部构思

整体构思是对整个作品效果的构思。通过对整体的点、线、面的要求和结构组合是否能够搭配的考虑，以表现手法尽量突出主要部位。构思和立意还要面

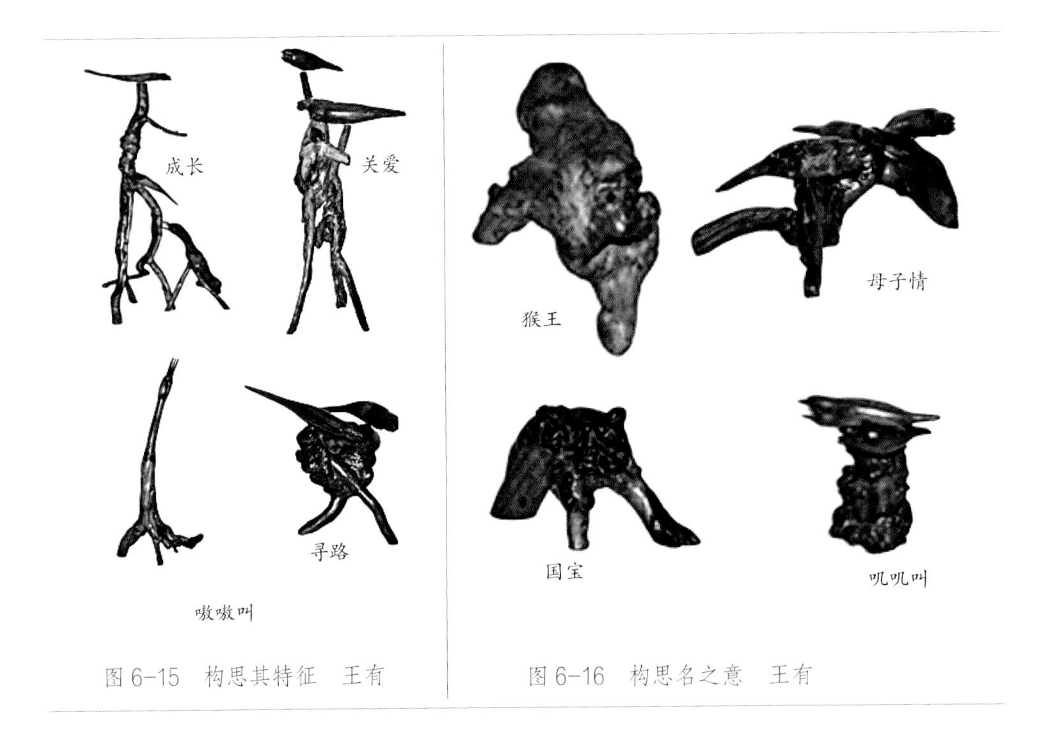

图 6-15 构思其特征 王有

图 6-16 构思名之意 王有

向广大人民群众或艺术爱好者，就是你的艺术文化内涵应面向社会、面向艺术、面向人民群众。所以整体构思必须真实、朴素、寓意独特。局部构思是对某个部分的点缀和处理的技巧进行构思，就是一定要起到“好花需要有绿叶配”的作用。

三、构思要有主观创造性

人的思维受时代和社会客观生活的制约。作为创造性思维活动的构思是随着根艺业的社会发展而发生着变化。根艺创作者在艺术社会实践中经验越多，理论知识越高，想象力就越强，这样就能把自己的感受、形象、技艺感情的观察以及生活体验转化为根雕艺术形象，并且可以得到真实的表现。

创造性思维应把握三方面：一是树根的自然美和物象方面。尊重自然的天趣野味，把苍劲气势、疙瘩坑凹、残缺块面皮色处理、线条明暗、圆曲体面的造型手法有机地结合成一种韵律，自己唱给自己。二是“以形写神”方面。有“神”则灵，有“神”则活。从主观的爱好，到客观材料的取舍中，从“形似”到“神似”。三是“遗貌取神”方面。抓住造型对象的思维，利用视觉艺术的特点，对貌的差异，采用夸张变形的手法赋其意，取其“神”。

6-17	6-18
6-19	6-20

图6-17　构思实用美　路玉章

图6-18　构思动态美　王有

图6-19　构思生活美　王有

图6-20　构思观其行　王有

6-21	6-22
6-23	

图 6-21　构思观其形　王有
图 6-22　构思真实情　王有
图 6-23　构思意不同

图 6-24　笔挂　路玉章
参考拍卖价 200 ~ 500 元

四、构思要思路正确

根雕创作者在实践中雕琢出来的作品是在表现自己，表现自己的爱好和特长以及文化品位，所以创作者的思路必须正确。学习传统手法的长处，学习同行业人员的长处，不断地用自己的新观点、新方法，取舍提炼、添补和进行新的创作，去伪存真，去粗取精。不正确的思路是一味地进行模仿，或是采用陈旧的和落后于别人的方式进行创作。所以创作者贵在继承其有用的艺术风格中，不断地完善和发展自己的特点和长处，表现自己，雕琢自己。

图 6-25　觅食　杨少华
参考拍卖价 300 ~ 500 元
图 6-26　连理笔架、笔筒　杨少华
参考拍卖价 500 ~ 800 元
图 6-27　觅食（崖柏）　郝成柱
参考拍卖价 1000 ~ 5800 元

五、构思要提高想象力

想象能力越强越定向，越能使艺术素材在人脑构思中进行艺术地再创造。不论整体的，或是局部的构思点缀加工，根雕艺术往往是在想象的基础上产生。例如，山西林业学院杨少华先生发现一根沧桑的黄荆木根料上有几根带曲的荆条枝，他上下左右反复推敲，想到屈原投江时的沧桑表情和大气的身姿，由此创造出木雕作品，加上了一个合适的底座，取名“汨罗江之魂”。

六、构思还要有组合能力

一个根材的艺术品难得并且价格昂贵，但多个根材的艺术品只要组合得当且结构合理同样能成为一件妙品。同时组合和搭配一定要对材质的优劣，根材是否同类，强度扎实程度能否保证，根材的变异性等方面都处理好，并且还要具备加工技术方面的能力，例如，保证拼接得平整、严实和细腻等方面。这样才能使组合制作的艺术作品紧密联系在一起，体现和产生恰到好处的美感。

第三节 剪裁和去皮

选材和构思是制作的前提，对根材进行剪裁是按着构思的要求对根材进行的初步加工。

一、剪裁制作要求

（一）剪裁时有些长短曲根应该留的保存下来，不用的根枝全部去除。大的根枝端头用锯子锯掉，短的根枝用大铲剔除。

（二）剪裁时有些根枝或去除或保留不定向，这样的根枝先保留待去皮后再构思确定保留与否。

（三）剪裁时防止有用的曲枝被损坏，一些根料，由于锯削和铲除用力，把应保留的好根损伤，确实可惜，所以一定要放稳根料，不损坏保留的部分。裁剪时如需拼接的作品，应先进行初步剪裁，待去皮并构思好根雕主题后，再进行剪裁。

二、去皮制作要求

根雕作品的制作中，去皮刮铲是比较费工的。因树皮和根料的木质之间有一种木质增生的形成层。形成层中水分很多，一旦受潮后容易腐烂，也容易生虫。但是木质内部是不会生虫的，木质内部只有在枝芽的坏死过程中，浸水后才渐渐

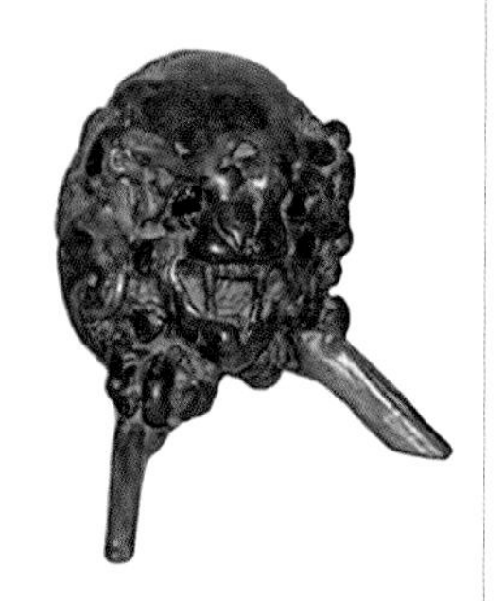

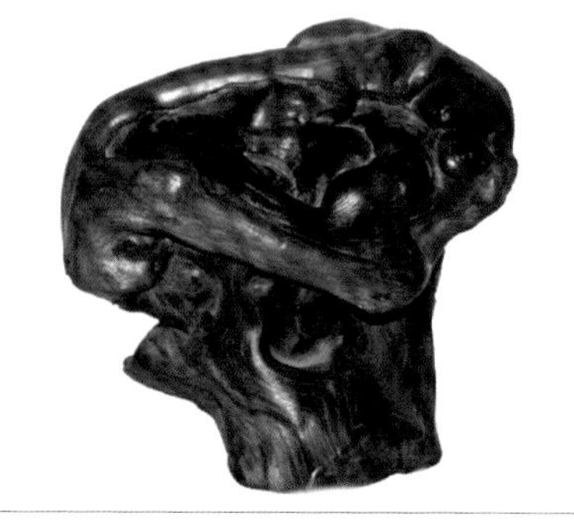

6-28	6-29
6-30	

图 6-28　笔筒　翟喜康
参考拍卖价 1000 ~ 1500 元
图 6-29　山中来　王有
参考拍卖价 500 ~ 800 元
图 6-30　红荆木根雕　王有
参考拍卖价 1000 ~ 2500 元

腐烂。而形成层即内皮是蛀虫寄生的地方，一般在夏季暑伏的天气中受潮受腐受热即可产生虫卵，虫卵在炎热的暑伏天过后就会形成幼虫钻入根块的木质部，寄生或长期损坏根块的内部木质。

由此可知，如果是春季的根材，用水浸泡去皮后可以不生虫，干燥后就可加工制作。如果是春季以后的根材，应先进行水煮，用水浸泡后再进行去皮。经过水煮的根块，很容易去皮，而且不容易生虫。

去皮还应根据根材的木质决定去除与否。

图 6-31　驱邪消灾（柏木）　王有
参考拍卖价 500 ~ 1500 元

个别根材材质不但坚硬，而且皮薄如纸，并且还有很好的不规则的花纹。如若保存下来，皮的色彩和根块形成一种更自然的艺术品位也是难得的艺术品。作品《玉龙回首》就是笔者有意在龙的身体部分留有一处花皮，形成自然的紫檀色彩。这类根料只要加温杀死虫卵即可留皮制作。

去皮后有时还可改变构思。有些根料一旦去皮后高、低、圆、曲直尽现，大大小小的一些美妙的自然线形、色块和色彩表现得尽善尽美、原汁原味。根雕创作者必须与物于情、巧妙施艺。有时能构思出多个根雕艺术品，这时应该进行衡量，到底要做哪个式样为好，不但要衡量作品的美而且要衡量它的价值，进而决定要制作的主题。

第四节 雕琢和磨光

雕琢和磨光是根雕作品制作的重要工序。艺精巧妙细致入微，才能保证加工出高质量的艺术作品来。下面以第三章按着雕磨状况分类的几种根雕形式加以说明。

一、自然型根雕雕磨要求

自然型根雕只作美的雕磨修饰，不破坏根材的自然形成和自然造型。只对根的枝杈端头作或圆、或扁、或曲、或尖的修饰。如去皮去残渣后的《飞天》制作时，根枝修磨光滑，用圆形铲刀或者木锉把飞天的头部、面额、颈部、脚部的轮廓线进行雕磨，面部形象不需要细致地雕刻。而身体部可以利用根块的凸凹线条雕磨成似身似裙就可以了。又如《鸳鸯戏水》笔架，笔者制作时，这个根块正反两面已经自然形成了鸳鸯整个身体和头部的造型，其曲线与根块有自然生成虚与实的沧桑美，又有空缺的奇特美和纹理色彩的点缀美。笔者只对两个鸳鸯的头部和尾部的几个根杈进行了铲削加工，整体进行打磨，使整件作品展现出动人的神韵和自然造化。

二、类似型根雕雕磨要求

类似型根雕是按着根材的优美形状以及气势进行的雕琢。它给人的感觉是雕刻手法细致微妙，作品似没有雕过般的自然神气。例如，山西汾阳翟起康先生的《护婴佛》根雕作品，是利用香椿木根的天然气势和材质，利用曲圆凹凸和长短高低之神气，恰到好处地表现出头和身体的自然妙趣。护婴佛面部在精雕细磨中隐喻表现为自然生成，其衣襟和头部，其盘腿的头姿和衣纹中护着的两个婴儿经过精雕细刻，达到雕刻的隐喻中不是雕刻，而是胜似鬼斧神工、天工造就。

《木居士》（见图 6-33）也是翟先生的根雕作品，他利用一个天然的根材，以优美的曲线和圆滑的衣纹产生自然的动势，在造型中表现得意忘形，并在适当的位置雕塑人物的面部表情，鬼斧神工，大气鸣人，可谓是上等的佳品。

有的根材枝杈的锯割可能较多，但是雕琢就要对每个枝杈进行处理，

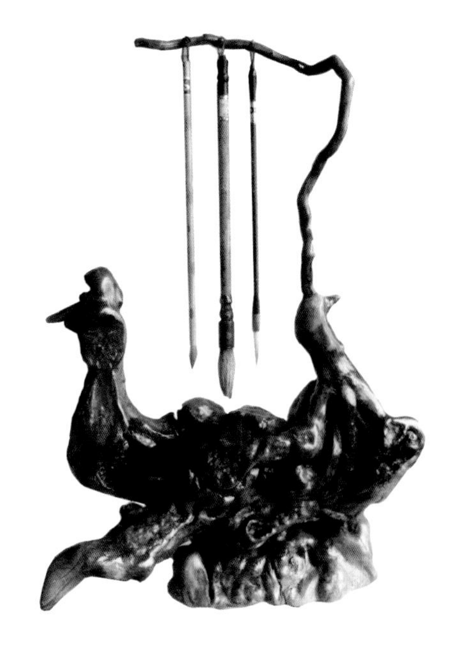

图 6-32　鸳鸯戏水笔架　路玉章
参考拍卖价 1000 ~ 5000 元

图 6-33　木居士　翟喜康
参考拍卖价 10000 ~ 15000 元

图 6-34　独根花架
路玉章
参考拍卖价 1000 ~ 5000 元

图 6-35　独根拼接花盆座花架
路玉章
参考拍卖价 10000 ~ 3500 元

或者铲削磨尖成凸圆形状，或细微雕刻，或用龙须刀在枝杈处雕琢成纹型。这样可以使枝杈的雕琢形成和根材一样的自然形态。虽然不全是根雕，但是类似根雕。

三、拼接型根雕雕磨要求

拼接型根雕，就是雕琢时主要选择一定量的根材，进行雕磨。选择那些符合要求的根材，并按构思进行修饰和拼接。如根雕椅子有的先用平面板作为主体，但腿部和网板周围，椅靠背面，选择扁平根雕进行雕琢和拼接，有的部位还得加胶合形成。也有的选择曲材做椅子架，选择平整根块做椅子坐面，有些根材七斜八叉，进行拼接后椅子的木雕框架结构就非常扎实牢固。

拼接型根雕的底座有时根块不能太突出其美观，不能冲淡主体根雕的视角。

拼接型根雕花架，多根组合，要扎实牢固，找好交错的结合点进行合理组合。

四、朦胧型根雕雕琢要求

根雕琢磨还必须有一定的木工基础。如笔者博古架的制作，没有木工知识就很难雕琢。假如想制作一个直径 600mm 的根雕圆形的博古架，需要准备面宽 80mm 长度的若干块三合板。制作前还得先做一个圆形胚胎，和胚胎外配一个铁皮的卡具。把三合板刷胶一层一层压在圆形胚胎上，需要三层三合板用胶料粘贴达到九合板的厚度，然后用铁皮卡具卡紧。待干后一个很规矩的圆形框便制作而成。然后用平刨平整圆边、两面后，中间搁板做博古状。底座选略带半圆形的座样根雕块，按着圆形博古架的弧度在半圆形根块上摹画出弧线，用弯锯锯出，严实地和博古架钉接在一起。这样因底座的根块表现为主体，圆形架表现空露，不影响主体造型，打磨光滑，就是一件很好的朦胧型根雕艺术品。

五、装饰型根雕雕磨要求

装饰型根雕在本书多指为牌匾类根艺。主要是要选好扁平的根材，选好一些根的造型，制作出成根书画、壁式根艺、瘿瘤根艺品等。有时需要加工拼接，有时需要制作出底板与框架进行陪衬。制作过程中，拼接要严实，造型优美，有根艺独特的震撼力，给人以绝品感、精细感、活泼感。其底板加工一定要方整，平面平整光滑，大小配合恰当，安装作品要牢固扎实。

六、仿真型根雕雕磨要求

仿真型根雕，主要是选好木材的纹理和造型。因质差的根材，纹理不能制作出雕刻品，只有利用形状和气势的自然动感，抓住木质纹理的特点，使好的木质可以呈现出自然形成的天然形状。选木质好的树根和树杈樾头，或者是选一些

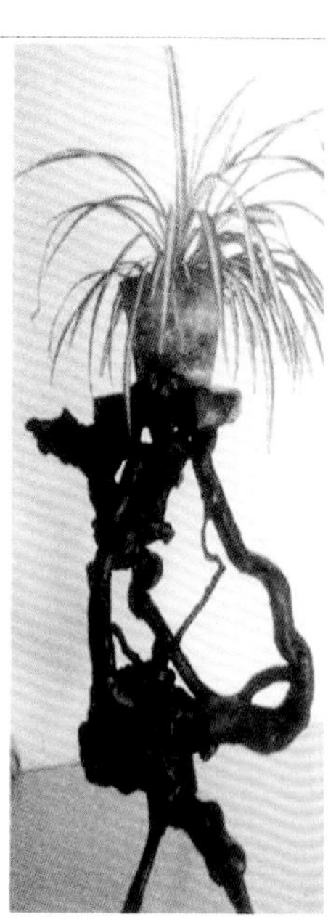
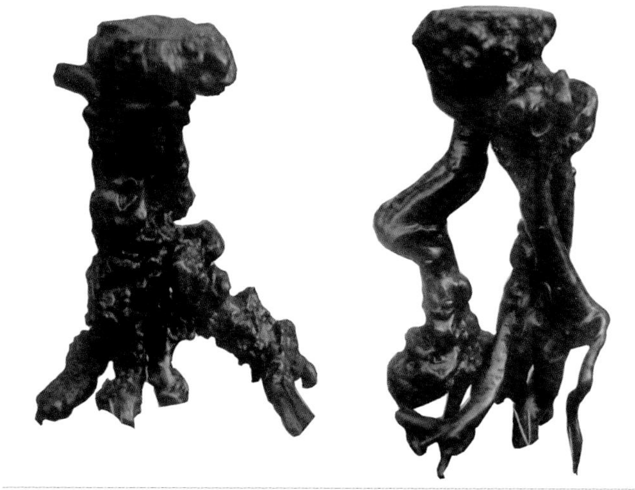

6-36	6-37
6-38	

图 6-36　犀牛博古架
路玉章
图 6-37　根雕花架
路玉章
参考拍卖价 2000 ~ 3500 元
图 6-38　根雕花架
路玉章
参考拍卖价 1500 ~ 2500 元

纹理好的根材，一经刨磨就会呈现其动态的形状气势，达到天然的造化和奇特妙趣的自然生成。

总之，制作工艺的雕琢需呈现出自然、原汁原味、原趣的情感，不能显得过于人为造作。雕琢还要对空洞、弯曲、内外翻卷的根块作适当修饰，还要对有的枝杈作精细的整修，达到艺术美的要求。

关于打磨方面的工序，可先用 1 号砂纸进行粗磨，把锯痕、锉痕和根料整体进行磨光，呈现出精制的形体，然后用 300 目、320 目、600 目 0 号砂纸分次序进行细磨。

第五节 组景配座

一、组景要突出意境

根雕作品要顺其作品的气势动态进行渲染。例如，山西阳泉卢文国先生的《说媒》作品，把四个根材有目的地组合成一个场面。根材的形状似人似兽怪状奇特，一个老妪仰头指手，盘腿达座，对一小妞指说谈吐。而旁边的一老怪羞羞答答地

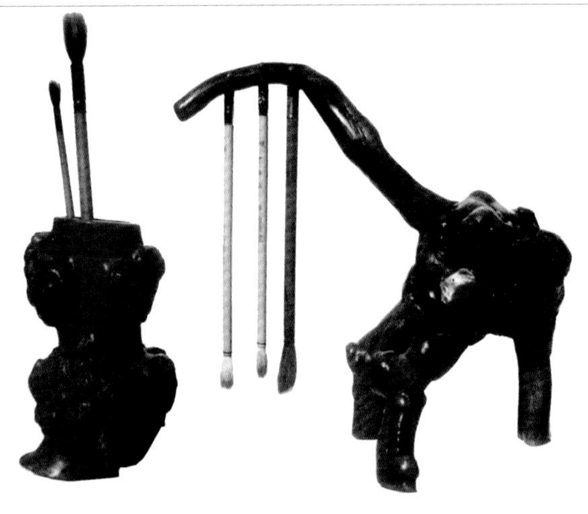

6-39

6-40 | 6-41

图 6-39 文房交汇 笔、筒、架、砚 杨少华

参考拍卖价 1000 ~ 1500 元

图 6-40 笔筒 杨少华

参考拍卖价 300 ~ 500 元

图 6-41 笔筒、笔架 杨少华

参考拍卖价 500 ~ 1500 元

扭头等待。一切都是自然的场面，自然的形象，自然的构图，自然的感情，自然的神气。凭借组景的气氛远远比分开的艺术效果要丰富多彩。

二、组景要突出主题

在根雕作品中有时配座也是一种组景。例如，制作《飞天》时，要和一个好的自然形根座搭配。这时不但要突出主体《飞天》的动态美，而且根座必须适合作品的环境，并且和《飞天》形成一定动势的艺术美，形成一种和谐的艺术美。

三、组景要丰富内容

早在20世纪70年代，十二生肖就成为根雕艺术创作的热点。最近几年“动物世界”“体育大看台”“博古架盆景”等作品又进入艺术天地。这些组景式作品丰富了根雕艺术的内容。

总之，组景要与配座相互结合。根雕创作者要对配座要进行详细的了解。有的根雕作品不需要配座，有的根雕作品必须配座。配座可保证根雕工艺品的放置，增加其审美价值(配座内容详见第六章)。组景是选择较美的根块，把几个单件的作品进行组合放置，达到渲染作品主题氛围和艺术环境的目的。客观地讲，组景是按着创作者的创作意图，按着艺术的内涵，强加给作品或者是赋予作品一定的艺术情感，又可以按着一定的场面，画龙点睛地创设一定的艺术情趣。

作品命名与配座

根　　雕　　工　　艺

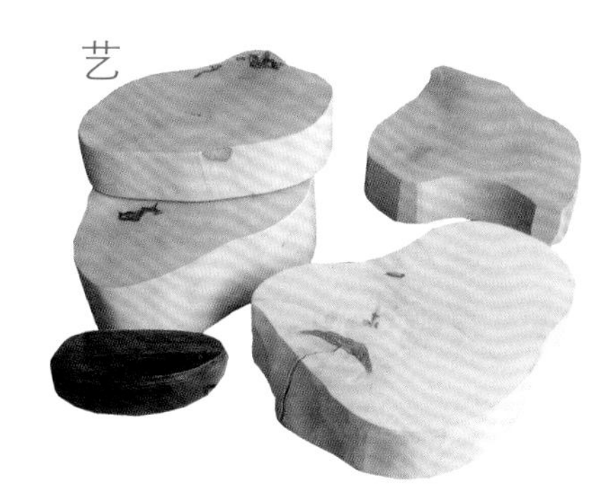

第七章 根雕作品命名与配座

一件好的根雕作品，命名是艺术的提升。好的作品命名可以提高艺术层次的高度，可以更好地提高艺术品的价值。阳泉根雕创作者在实践中探讨研究，分别从根雕艺术作品的命名，根雕作品命名的方法，根雕作品的配座的重要作用进行论述。

第一节 根雕命名原则

根雕艺术作品从大自然的泥土中，从被抛弃以及将要烧掉的乔木、灌木、竹根等废木废材中，寻找出了其他艺术品不可代替的艺术特色，寻找到了自然风韵的形态美，寻找到了蕴藏着生命的活力和神奇。这种“似像非像”的艺术作品，如果有一个好的命名，对增强作品主题的表现力具有重要的作用。

根雕的命名应从以下几个方面进行考虑：

7-1 | 7-2

图 7-1　观望　路玉章
参考拍卖价 500 ~ 1500 元
图 7-2　练功　路玉章
参考拍卖价 1000 ~ 2500 元

一、突出意境

“意境”是艺术作品的内容和艺术家主观表现与审美的有机统一，以及和情感相融合而形成的一种艺术境界。在中国传统美学中，“意象造型”一直被视为中国画审美特征的第一要素。根雕作品作为造型艺术同样应追求形神兼备的形态和意趣。造型完美奇巧天成的一件作品，赋予它一个具备深刻内涵，自然贴切的，而又富有韵味的命名，将起到画龙点睛，锦上添花的作用。这件作品就会更加完美，并使作品的表现形式与精神内涵浑然于一体，达到自然的风韵、人文的气质以及天趣和理性的结合。

图 7-3　独根架子功　路玉章
参考拍卖价 1000 ~ 3500 元

突出意境就是创作者通过命名来传达情感，表达作品的主题。目的是达到作品“弦外音，画外意”的意境效果。正如中国美术大师马驷骥先生在《中国根艺》讲：“应该通过命名再扩大作品的意境和情趣。假如把‘岩鹰’改为‘达瞩’；把‘仙鹤’改为‘吉祥’；把‘武松打虎’改为‘力的较量’等，就会使人感到立意、有情趣，从而突出作品的意境。”

二、施以情趣

根雕作品的情趣，也叫意趣和天趣，即形态、质地、色调、韵味等方面表现出的艺术美。

意境和情趣相辅相成，有主题就有情趣。但情趣是表现作品意图、作品的思想情感、作品的弦外之音的乐趣。使观赏者赏心悦目，观出“似是而非”的趣，听出“似是而非”的音，悟出“象外之象，景外之景”的自然美，并且还能咀嚼回味某种说不清道不明、深层意蕴的乐趣。时代在发展，历史在前进，人类在演变中走向文明是不以人的意志为转移的一条规律。又如一件根雕人物手捧琵琶的艺术品，取名《心声》。观赏者不光看到的是根雕的艺术美，而且更加产生对人物的动态和美妙音乐的领悟，以及回味之乐趣，即迁想妙得。再如笔者的一件根艺作品，是一只贪婪蹲卧很具象的狼，取名《贪婪》。人们一看就似一只狼，但咀嚼回味其情趣，狼是在“贪婪”什么？想干什么？在看什么？欲动非动的艺术

7-4 | 7-5 | 7-6

图 7-4 拖泥带笔 路玉章
参考拍卖价 100 ~ 300 元

图 7-5 盼奥运 1 杨少华
参考拍卖价 300 ~ 500 元
图 7-6 盼奥运 2 杨少华
参考拍卖价 300 ~ 500 元

形态可以打动人和感染人的情趣。这种随物以貌取神的命名突出了意境，感染人们从自然美的心理立意中获得情趣。

杨少华先生的《盼奥运》（见图 7-5、图 7-6）就是选好了木材的纹理和造型，给人以神似与大气之感。

三、雅俗共赏

根雕作品面对的是广大人民群众，命名应该不失大众化，让观众在更多的谈吐话题中去获取韵味。即创作者主观的抽象的思维方式，要和社会实践相联系。让人们从通俗、朴素、丰富的韵味中找趣、找乐、找美，不要一味地照搬字典，故弄玄虚去找那些生僻、难懂的冷词和令人费解的怪句，反而出力不讨好。“无题”这个名字，应该是尽量少用，虽然说“无题”能留给观众更多猜测和想象

7-7 尝尝 王有
参考拍卖价
300 ~ 500 元

的空间，但艺术作品中毕竟不提倡“无名胜有名”的做法，只能偶一为之是好。

四、含蓄贴切

含蓄就是命名的内容不显露而耐人寻味。含蓄不能和含糊不清混同。有的作品名不达意，表现什么不清楚，要说的话和创意情感不求真实，远远脱离了根雕作品的自然物象以及情趣和意境，这是含糊而非含蓄。

含蓄是中华传统艺术创作的最大特点。根雕作品的命名和中国画一样，命名和题咏讲究含蓄，即给观赏者留有回味的余地，而忌直露无余，平铺直叙。

例如，笔者设计制作了一个像鸟类飞禽的根雕作品。其鸟显现的气势是展翅下飞的状态，而鸟嘴啄处是一个小圆罐状物，给予其命名为“寻觅”。这样人们一看是鸟，什么鸟并不是主要内容，令人回味的是鸟下飞吃食的情趣与状态美，让人们在含蓄中寻味寻乐。如果含糊一点叫什么“乌”，有人说像也有人说不像，会错误地引导了观念的审美思维。这种命名是不贴切的。

所以说含蓄的根雕作品一般往往不直接表现作品的内涵，而是通过外形去借景抒情、以物言志，表现内蕴的某种情感乐趣，使观赏者从中产生丰富的联想和美感，达到观众和创作者的情感交流，同时产生共鸣的艺术效果。

五、概括立意

文学史上称赞宋代诗人苏东坡的诗词有“虚景美和概括美”的特征。根雕作品命名同样应当概括。概括是指简练，立意是指富有诗情画意。好的概括立意能为观赏者的欣赏起一定的导向作用。概括立意要清新自然、言简意赅、主题突出、劲道豪放、韵味无穷。

概括立意要讲究“推敲”。古代诗人斟字酌句的用词风范，需要根雕创作者努力学习。如果能做到像做诗填词一样客观地推敲出含蓄优雅、朴素有趣、有丰富韵律的名称，将会使根雕艺术的鉴赏真正达到豪放与博大的意境。令人观后浮想联翩，回味无穷。

概括立意和创作者艺术的修养境界，文化功底深浅有一定的联系。根雕艺术作者制作作品时一定要深入群众、深入社会，多了解人情世故，多读一些艺术专著，多学一些文化知识。增强其分析问题和解决问题的能力，便可以恰到好处地进行概括立意。

7-8	7-9
7-10	7-11

图 7-8　珊瑚石　王捷
参考拍卖价 1300 ~ 3500 元
图 7-9　三问（柏木）
路玉章
参考拍卖价 3000 ~ 3500 元
图 7-10　警觉（崖柏木）
高健国
参考拍卖价 3800 ~ 15000 元
图 7-11　绝代风华（崖柏木）
巍胜明
参考拍卖价 3000 ~ 3500 元

第二节 根雕命名方法

根据多年来根雕艺术的发展状况，全国各地根雕艺术品的展览和销售情况，以及杂志报道发表根雕作品的名称，常采取以下几种方法命名。

一、以形命名

以形命名也叫确定形命名。按照命名的原则，就是必须像什么，是什么，使观众不会产生歧义。这种作品是具象的外观形状，点化主题一目了然，让人们去体会天然之功、沧桑之感以及点、线、面的意境和情趣。

（一）动物类：有龙、虎、狮、狗、狼、猴、牛、羊、兔、马、猪、鹿、鼠、熊、象、犀牛、骆驼、狐狸等。

（二）人物类：有飞天、菩萨、大肚和尚、少女、八仙群像、济公、魁星、老翁、维纳斯、阿凡提、古人、王昭君、屈原、韩信等。

（三）禽鸟类：有雄鹰、仙鹤、锦鸡、瑞鸟等。

（四）鱼虫类：有龟、蛇、鱼、海豚等。

图 7-12 展示 王有
参考拍卖价 500 ~ 1500 元

（五）文字类：有“虎”“龙凤飞”、“长城”“福”“难得糊涂”“寿比南山”“福如东海”“香港回归”“神”等。

（六）实用类：有几案架、椅子、花几、笔挂、砚台、笔筒、博古架等。

总之以形命名、直露无余、一目了然、令人回味，但是特别注意直白的命名往往会造成缺乏含蓄的意境，无回味情趣的余地。

二、以意命名

结合似像非像的具体作品，按照创作者的主观情感，可以把具象的形，化为含蓄的意。又可以把作品的意境渲染给观众。如：“汨罗江之魂”“寒江垂钓”“浴女”“黄土地上”“车马行”“韩信辞汉”“太白醉酒”“罗丹造韵”“龙腾虎跃”“贵妃醉酒”“鹏程万里”“走在蓝天”。以意命名的特点是意味深长、发人深省，给人以启迪。

三、以势命名

依据作品的整体之势和大的动势来命名。力求做到寓动以静，呼之欲出。其作品如：“惊回首”“灵魂迎风”“冲”“醉打山门”“斗牛”“呼唤”“麻姑献寿”“飞天”“力的较量”“万绪归中”“贪心”“美的旋律”“舞”等。其特点是：通过作品中的动势来表现静态生命的运动，以血和肉赋予形象，使作品表现出鲜活灵动的旋律。

四、叙诗命名

依照作品的形神概括立意，用诗句来命名，使作品具有诗情画意的境界。如：“鸿鹄之志九万里”“欲与天公试比高”“起舞弄清影”“广寒宫里舞长袖”“游之归来泪是喜”“欢歌笑语”“敢问路在何方”等。通过作品意境表达创作者的心声，唱给观众无尽的意义和高雅情调。但同时要注意言简意赅，不可生硬地从古诗中挖潜，典故里翻新造成太曲太直、故弄玄虚、牵强附会。

五、以史命名

以史命名是按着中华民族悠久历史的文物古迹、民间典故去反映传统文化的精神内涵而命名。如古迹方面有“鼎”“世纪宝瓶”“唐三彩”“秦俑”“编钟乐舞”“古马车”等。民间典故一般包括古代人物，或者是故事以及一些事件的联想方面。如“贝多芬”“盘古”“维纳斯”“大禹”等。以史命名的特点是启迪观众去浮想联翩、穿越时空、回味历史的一瞬间。

六、以文命名

根据中外的文学故事、神话传说、成语典故、风土人情、地方民俗文化中的故事情节进行点题的命名。如:“卖火柴的女孩”“红楼十二钗”“八仙群像”“悟空探路”“羿射九日”“黔驴技穷”“龙凤呈祥”“项庄舞剑”“苏武牧羊”“楚风”“塞外春雨”“赴龙宫”等。以文命名的特点是韵味深长、亲切自然，有弦外之音、言外之意。

7-13	7-14
7-15	7-16

图 7-13　书画筒　王有
参考拍卖价 800 ~ 1500 元
图 7-14　藏地鼠（柏木）
王有
参考拍卖价 1000 ~ 1500 元
图 7-15　归（纪念香港回归）
创作者不详
图 7-16　龙凤呈祥（崖柏木）
王鹏
参考拍卖价 5000 ~ 13500

七、依时命名

依据根雕作品所反映的艺术内涵，赋予其时代精神来命名。合情合理地点化物象，借物言情。如："冲出五洲""拼搏""腾风""迪斯科""亚洲醒狮""回归""母爱""世纪魂""老根春来"等。作品体现时代的精神风貌和浓郁的时代气息。

总之，根雕作品的命名，多姿多态。创作者要以根雕作品的特点为载体，借以传达和渲染创作者的情感、思想、艺术的美为目的，能够同观赏者产生共鸣则是命名的最佳效果。

图 7-17　大度能容天下事(榆木)　高健国

第三节　根雕作品配座

有的根雕作品不需配座，这是因为作品本身已形成了支撑或平稳摆放的状态。但有的作品必须配座，只有配座才能保持作品的稳定性。还有的作品存在一些缺陷，一经配座就可掩盖主体某一方面的不足。有的作品为了达到形象和意境的统一，经过配座便可衬托出主体的艺术表现力。

配座分为固定式和活动式两种。固定式底座直接和作品拼接，拼接可用圆

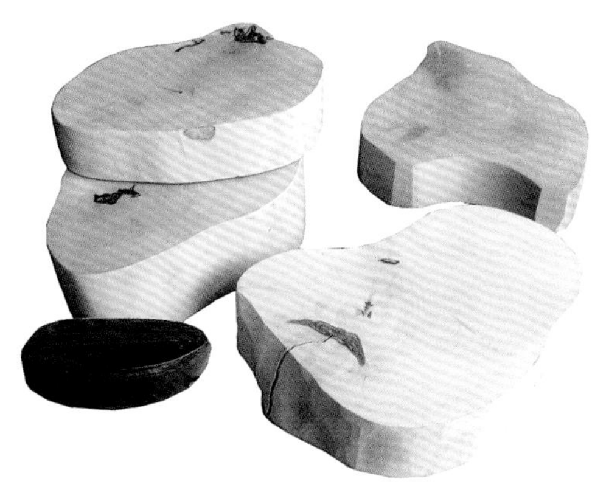

图 7-18　红木与黄杨木配座的木块

钉钉接，也可用木螺钉稳固。活动式底座可采用榫梢接合、铁梢接合、榫槽接合，或者平放式摆放在作品下边不进行接合，但是必须严实平整而且放稳，才能保证作品的质量。

根雕作品底座创作的形式多样，不拘一格，创作者可以按照自己的想象和艺术的修养进行设计制作。一般根雕作品的配座有如下几种：

一、自然型底座

自然型底座是巧借根块用于作品中的最佳形态。就是用根作座，用根的节疤作座，用根枝的组合拼接方法作座。配座作品一方面是为了进行固定或者是使作品立正平稳，有利于观赏。另一方面是为了对作品进行衬托，突出作品的主题。例如，“飞天人物”，原子弹爆炸形状的根雕作品“天下第一云”，作品“舞姿”等。又如组合型根雕的“弱欺小”“力的较量”“百鸟争鸣”等。一般都是用自然根块配座的。

二、平板自然型底座

平板自然型底座是选择较大的根块和根材，用锯子锯成 20 ~ 60mm 的板块。周围保证原根材和节疤的缺陷。这种底座配置时一定要和作品的形状相吻合，高低、大小、长短要恰到好处。

三、木板式底座

木板式底座是利用 20 ~ 60mm 的板材，根据作品的大小配上合适的底座。其形状可根据自己的技艺水平设计。形状可设计成方形、圆形、椭圆形、梯形、流线型等。平板底座的立面可顺形顺势刨磨光滑，加工齐整，然后加钉或者做榫眼稳固作品的主体。

四、木箱式底座

有的根雕作品需要较大木箱式底座摆放。其制作方法是：用薄木板钉制成矩形方墩即可，也可采用市场上的成型板材钉制，还可以制作木框架，外粘贴三合板。这种底座一方面要设计好作品的主体重量以及大小尺度。另一方面外面可用绒布或装饰壁布包裹，或者油漆任何颜色即可。

图 7-19　瞬间之勇　王有
参考拍卖价 800 ~ 1000 元

图 7-20 木板型底座 王有
参考拍卖价 300 ~ 800 元

图 7-21 合情 王有
参考拍卖价 300 ~ 1000 元

图 7-22 野猪下山 王有
参考拍卖价 500 ~ 1500 元

五、雕刻式底座

优秀的作品可配置雕刻型底座。雕刻型底座也是要构思和设计好座的形式。或方或圆，大小适中的尺度配置，而且还要选择能雕刻的材质，雕刻时在底座的立面向外施以雕刻一定的线型。有如下几种：

（一）起线型：座的立面周围可用木工线刨加工成圆形，或者是铲刻出一定的方形线或者是圆形线进行装饰。

（二）一般雕刻型：底座加工，其平面板可圆可方或者是曲线形，即在平面板下顺势取形，加上狮子腿或者虎爪腿等打磨光即可。

（三）精细雕刻型：和一般雕刻型的区别是，平面板下部两腿之间加网板，也叫花牙板。网板取民间传统形式雕刻，草纹、云纹、狮子形、滚绣球形、赤虎头形等图案。并且腿的表面还应加皮条线（也叫拆台线）、回纹线、浑面线、亚面线等，或者是略施雕刻成简易图案。

总之根雕作品的命名从以上几个方面可以艺术地提高根雕的创作价值。配座是根据作品的形式适而取之，适合作品的造型而配，适合作品的环境而配，可配可不配的不要勉强配座。

收藏与保养

根　雕　工　艺

第八章

根雕收藏与保养

第一节 材、工、艺美讲鉴赏

根雕制作工艺是随着历史与时间的推进不断创造发展的，从早期实用光滑的美，到形状美的发现；从材质的细腻与质重，到视角效果美的发现；从粗制到细作的工艺发展，这是一个运用与制作演变的过程，是一个继承与发展的过程。根雕发展提升为社会物质文化的一个民俗文化工艺艺术，有实用美发展为艺术美，有它的历史特点与民族文化、地域文化表现，在中国几千年的历史中演变创新，始终保持着独具特色的艺术风格。

大凡好的根雕收藏品，必须具备材质纹理美、构思设计美、做工精细美，达到材工艺这三方面皆美。根雕作为根的工艺艺术品，它具备了材的天然神奇，具备了工的自然造化，具备了美的视觉鉴赏。而且一个根雕的作品是一件材工艺美的绝品，一般不会与其相同的第二件作品相同。所以根雕作品是绝品，它的价值与收藏在玩味的艺术体系中享有盛誉。

笔者克服各种困难做了几个原质原味的树皮笔筒，树干的脱皮技术相当难，笔筒底部还是原来年轮的横切圆。这几件作品确实具备了美的视觉鉴赏效果，原质原味，是一段树桩的整体美，展现了自然与沧桑的神奇。

一、材美

根雕多为山中的灌木，或是树樱形成。寻遍山中找奇材，问道士中觅神奇，固然崇拜“木居士”，便有很多求佛人。所以一个好的根材价值不菲，有的来之不易，千年自然生成。有的是红木材质，崖柏材质更是天价，有的随行可得，偶然发现，这必定是少数。所以在鉴赏收藏中材质美是衡量价值的一个重要因素。

二、工美

一个小的根雕从找根、制作防蛀、蜕皮、取型剪切、雕琢磨光、打蜡，或是必要上色漆饰，不是简单的一天可以完成的，有的在好长时间中构思好才能完成。就和木工一样，工时一天 50 元的爱好者，比不上每天 100 元的工匠，工时一天 100 元的工匠比不上一天 200 元的匠师，工时一天 200 元的匠师比不上 500 元的大师，所以鉴赏收藏中，作品的工艺美是衡量价值的又一个基本因素。

三、艺美

一个好的根雕工艺，因人而异，艺术美讲究原质原味，少雕琢，不上色。观形而不能变。实用美讲究在原质原味中裁剪取舍，制作加工。在实用性中审美鉴赏，民俗美讲究像啥做啥。所以仁者见仁，智者见智，艺者见艺。所以根雕虽然是绝品艺术，鉴赏与收藏索取不同，自然产生不同的价值因素。

还有根少雕琢为奇，多雕琢为工，这也是鉴赏与收藏考虑的一个因素。

总之，综上所讲内容，根雕的价值与收藏拍卖一般执行最低与最高参考价值。因创作者与收藏者价值保存不同，价格自然存在差异。

8-1 | 8-2

图 8-1　迎宾客（崖柏）　王有
参考拍卖价 10000 ~ 25000 元
图 8-2　延年笔筒　路玉章
参考拍卖价 300 ~ 800 元

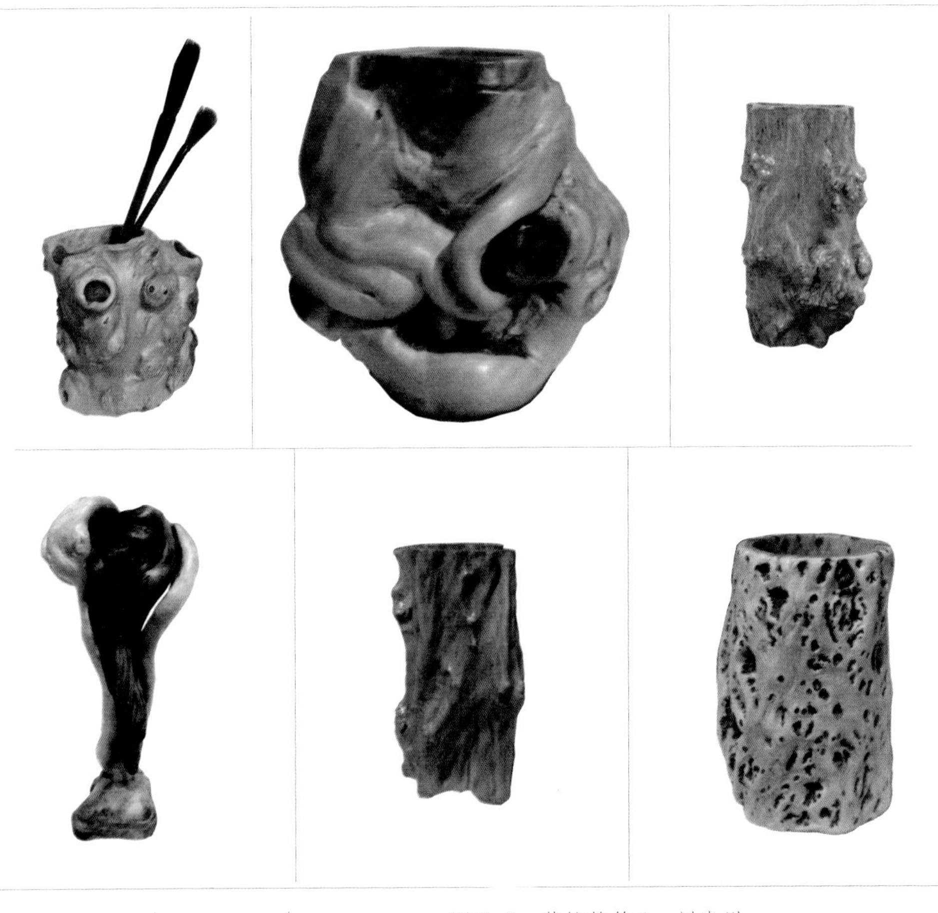

8-3	8-4	8-5
8-6	8-7	8-8

图 8-3　黄檀笔筒 1　刘贵祥
参考拍卖价 800 ~ 1500 元
图 8-4　黄檀笔筒 2　刘贵祥
参考拍卖价 1000 ~ 2500 元
图 8-5　白檀笔筒　高健国
参考拍卖价 800 ~ 1500 元
图 8-6　奥运杯（黄檀）　刘贵祥
参考拍卖价 800 ~ 1500 元
图 8-7　白檀笔筒　高健国
参考拍卖价 800 ~ 1500 元
图 8-8　刺槐笔筒　高健国
参考拍卖价 800 ~ 1500 元

第二节 材质识别提价值

根雕的材质有上千种，如果收藏一般按地区名称识别即可。但是名贵木材则需要了解与懂木材的师傅交流。

一、衡量名贵根雕的木质价值

（一）海南黄花梨根特点

这种根料稀缺，一般不会出售，根材色紫红褐色，微黄，纹理顺畅，质硬油光，含有蜡质油脂柔韧触感。木质不蹦不裂，少走作。节处磨光有鬼脸纹，一些黄花梨小件根料被视作上乘佳品。

（二）紫檀根料特点

旧的紫檀根料很少，有时捡漏可能会遇到一些小料，价格很高。新的紫檀根料分两种。一种金丝紫檀，是世界上最珍贵的木质之一，是紫檀木中的佼佼者，刨光紫红，棕眼间有银色细袍，肉眼观测明显，用水或是酒精擦饰后墨紫色。另一种是印度小叶紫檀，木色暗紫带橘红色，质地细腻带有油脂，分量沉重，沉于水，棕眼呈牛毛纹状，棱角在白纸上可以画出线条，木削可在酒精中泡出红色，滴水在木质上现紫红色。

图 8-9　红酸枝寿缸　路玉章
参考拍卖价 800 ~ 1500 元

叫做紫檀的木材有十多种，材质略有差别。如非洲的大叶紫檀，与其他紫檀比起来木质纹路粗，黑径多。

（三）红酸枝木根料特点

现在市场价格也非常高，收藏界称为老红木，木质花纹美观，眼色多为枣红色，内含黑径与红黄色纹路，是不可多得的佳品。

图 8-10　黑酸枝笔画筒
参考拍卖价 800 ~ 2500 元

（四）黑酸枝木根料特点

木质很重，空洞木材多，外皮黄色或灰黄褐色，质地硬重。但雕刻利刀，纵横断面抛光效果好。色泽有紫褐色微红，也叫黑檀，有的紫灰色，有的紫黑色。

二、衡量根雕一般木质价值

衡量一般根雕木材的价值，一是看色道，色道给人以沉稳舒服的视觉感染力；二是看根材体量，体量大价值高，尤其独根木材根，根据根块大小状态，神奇物象有难找难寻的感染力；三是根材生长的年限，好的根材，大都生长在几百年以上，尤其柏木崖柏，千年难长，崖高难寻。

（一）崖柏根料特点

崖柏质硬，盘根错节，弯扭纹理大气盎然，有的红黄白相间。木质有柏香味道，有的创作者还专门把崖柏木削还制作成香，燃烧的气味很浓。

（二）樱木根料特点

樱木材质多种，一般来自于树木的结疤处，有葡萄樱、核桃樱、槐木樱、杨木樱、柏木樱、椿木樱、樟木樱、榕树樱、桐木樱、楠木樱、榆木樱、桦木樱等。树根与灌木樱比较多，本身根料盘根错节，自然樱木根较多。有的多用于制作笔筒与书画缸，有的自然体量大，往往形成单独的景观根雕。

（三）荆木根料特点

山西红荆木与黑荆木，根雕质重，色泽红润，有部分红木特点。就是内涵油脂与蜡质少一点，皮色与材质大相径庭。黄荆木与黄檀特点略像，色道与材质棕眼有部分类似。

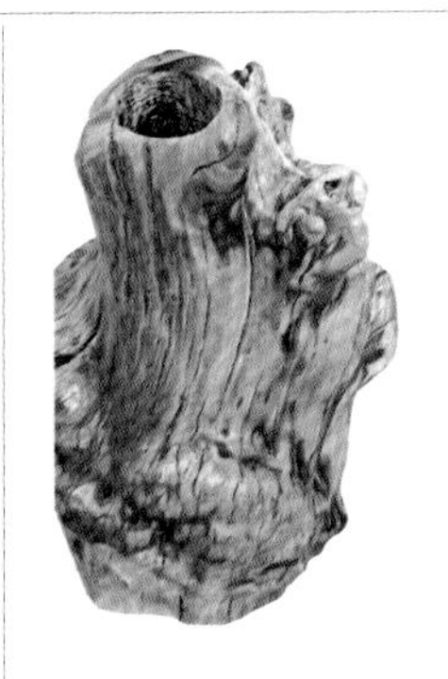

8-11 | 8-12

图 8-11　奋蹄（红荆木）　王有
参考拍卖价 300 ~ 900 元
图 8-12　书画筒（槐木）　汉文
参考拍卖价 900 ~ 1900 元

第三节 根雕维护与保养

根雕的维护保养是根据根雕作品具体的情况来确定的。

一、本色不加任何涂饰的作品

这种作品有些美术人员喜欢，其天然生成的根块，有的甚至皮色都不想剔除。留有原质原味的自然状态，根雕美的气势。但是一般不能留有树皮，受潮后容易虫蛀，这是注意的一点。其二，这种作品即便打光修饰后，空气中的灰尘容易污染，不干净，或是糙旧，室内有污迹时可能造成损坏，不好清洗。维修保养中，一是远离污染损坏的环境，二是清理污迹修理时一般用砂纸打磨光滑，或是用刮刀刮光。

二、上色打蜡涂饰的作品

这种作品可以很好的保养，灰尘清理时，用细致干净棉布擦洗，不得沾水，根块多，缝隙多的作品，用羊毛软刷子刷尽灰尘即可。如果作品原打蜡的保护层损坏，重新刷些地板蜡，也有刷烤蜡的。只要遍体刷一下地板蜡，修旧如新。其实一般根雕勤洗，用刷子刷，比用布擦洗好得多。

三、上漆的根雕作品

这种作品一般为亮光漆，用水把棉布打湿，棉布用旧的秋衣秋裤擦洗即可，当然用刷子可以沾水通刷几遍，相比之下比用布子擦洗速度快的多。核桃油擦光，需几遍擦饰，第一遍核桃油会直接侵入木质内，需反复抛光，擦光。

上大漆的根雕作品涂色多为枣红色，或是黑枣红色，虽然这种颜色有遮盖力，但是它是民俗传统漆饰的技法。漆饰的根雕沉稳大气，俗气中见实用，给人以黑里透红的紫檀木的感觉，尤其适用于花架，或是大型根雕。这种根雕作品保修清洁时，可以用水冲刷，刷子刷净，干后不影响根雕的质量。

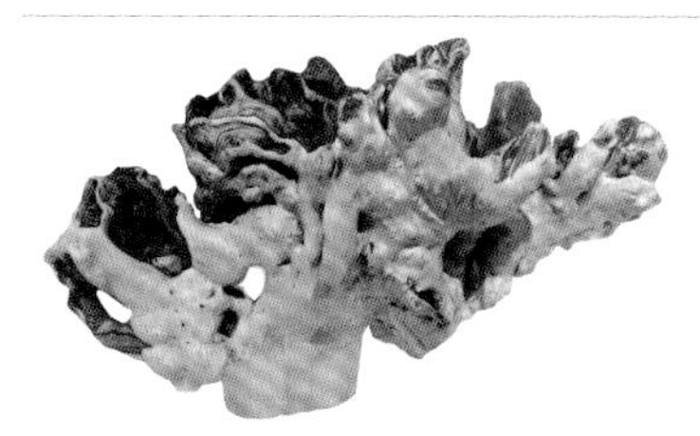

图 8-13 忍冬花（黄檀） 刘贵祥
参考拍卖价 10000 ~ 38000 元

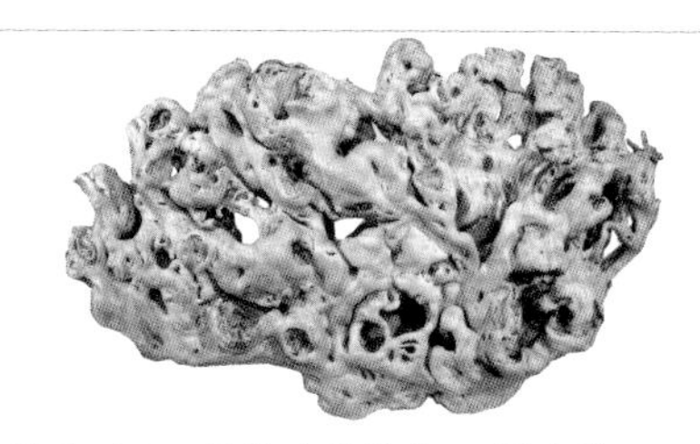

图 8-14 羽巢（黄檀） 刘贵祥
参考拍卖价 100000 ~ 380000 元

根与环境保护

根　　雕　　工　　艺

第九章

根雕与环境保护

根雕艺术的创作需要我们正确地处理根雕艺术事业的发展与保护生态环境的关系，使根雕艺术创作者牢固树立环境意识，把保护生态环境作为义不容辞的责任。

第一节 环境保护重要性

根雕艺术作品是创造艺术环境，美化人民生活，为人民服务的。其艺术的天趣与理性、艺术生命的旺盛和审美价值的提高，形成了艺术园地中一种不可缺少的独特魅力。但是在根雕艺术创作中暴露和存在的不良行为，应引起广大创作者的重视。

例如，《人民日报》曾登载一篇《根雕热的隐忧》的文章，其内容中写道："根雕，固然有一种天然之美，用森林采伐后不能再生的树根雕雕刻刻，化丑为美，化废为利，化自然为艺术，当然无可非议。然而事实上却不尽如此，采伐后的树木根太大．难以利用，所以爱好者还是把眼睛盯在未成年的幼苗树上，为了找到这些独特的树根，他们或闯进绿化区非法砍伐，或出高价收购。"这篇文章写得非常及时，而且一针见血地批评了根雕创作中有些受经济利益驱动的爱好者所涉及乱砍滥伐的不良行为、不道德行为。实际上幼树根做根雕没有什么价值，所以这种行为必须坚决制止，不能任其泛滥。

根雕艺术界的专家从 1998 年长江、松花江、嫩江发生的特大洪水灾害中，从山体滑坡中冲刷出来的一些怪状树根、灌木小根，爱好者利用创作作品也无可厚非。但是也看到根材的乱砍滥伐的现象，绝不能再持续下去了，应该加强保护植被的意识．制定相应的管理措旋。哪些林区不允许，哪些区域不允许，哪些树种不允许等。 我国发布的《中华人民共和国森林法》《中华人民共和国防沙治沙法》都明确了爱护生态环境、保护生态环境的法律责任。对依法治国、治山、治河、治理森林资源都具有深远的历史意义和现实意义。

尤其那些初期创作者，学习根雕创作应先学做人，做社会主义有用的人，做遵纪守法的人，爱祖国的山、爱祖国的水、爱祖国的植被。我们不能因为有些人乱砍滥伐，就阻止了根艺的发展。就像木材利用一样，不能因保护植被、保护森林，我们就严禁木材的使用，从一个极端走向另一个极端。而应该树立正确的艺术道德，按着国家的法律、市场经济要求，严禁毁树挖根与组织违法的根材挖卖活动。

中国根艺美术学会明确规定了“变废为宝，化腐朽为神奇”的创作原则。并于 1987 年 3 月 10 日及时向全国各地会员及团体会员单位发出了通知指出：“要求本会会员和团体会员单位，必须严格遵循学会的章程总纲规定，在‘变废为宝，化腐朽为神奇’的创作原则指导下，利用朽木断根开展根艺创作和组织专业生产，严禁毁树挖根和组织非法的根材买卖活动……应在国家有关部门的允许下，有计划地开发和组织根艺生产。”为此，根雕艺术创作要遵守学会的章程。要充分认识保护生态环境的重要性，去弊存利。要树立良好的艺术道德，树立保护生态的行为习惯，遵纪守法，使根雕艺术事业在健康的道路上继续发展。

9-1 | 9-2

图 9-1　小鸟落高等母归　路玉章

图 9-2　百年笔筒　路玉章

第二节 环境保护原则

保护环境是根雕创作者应具备的个人素质，在市场经济条件下，在可持续发展战略的国策中显得特别重要。保护环境同样也是保护和发展根雕艺术的重要内容。

我们必须坚持保护环境的原则，坚持根雕艺术创作者的行为规范，以及提高爱护生态环境的认识。

一、不随意在森林保护区乱砍滥伐的原则

森林保护区只能在允许的情况下采挖。尤其是原始森林区，有较多的大根材、大根料，一旦随便采挖，第一是破坏了植被，第二是一些贵种树根一旦去除，不但破坏了森林的历史，而且破坏了个别树种遗迹，或造成了植物的灭绝。

森林地区的怪根奇材，有些是长在山石中的幼树。因成材时间较长，不能因采伐造成损失，不能为个人利益，“得之艺来损之树”，使森林植被的生态造成不应有的损失。

根雕创作者只能从保护森林的原则出发，在当地行政部门允许的情况下取材。比如，林区枯木病树在更新改造、复种的状态中，必须在允许的时间内进行取材。

二、不在沙化地区乱采乱挖的原则

有些根材生长在沙化地区，生长时间长、根块也美。但如果在这些区域轻易地为个人乱挖乱采，不但损坏了国家和集体的利益，更是一种违法行为。因此我们从沙化治理地区的保护原则出发，在国家根治改造、种树种草的规划范围内寻根，在建工程开挖出的枯树断根中寻材寻根，决不允许乱采乱挖的现象发生。

三、不在环境景观地区乱采乱挖的原则

环境景观地区，有土石结构的奇特现象。一些奇树怪材，上百年、上千年才能生成，不能人为地进行破坏。 根雕创作者是艺术美的实践者，要发展根雕艺术。同时要爱山、爱水、爱树、爱植被，不允许随意在景观地区采挖，一定要杜绝那些乱采乱挖的行为。

四、不在两河流域和国家规定的绿化带乱采乱挖的原则

长江、黄河流域和国家规定的绿化带，当然也包括国家治理规定的各地区

绿化范围。为了不造成水土流失和保护生态植被，同样不能进行乱采乱挖。当然在绿化治理过程中，园林绿化中废弃的枯树烂根，种树种草废弃的枯树断根可以收集利用。

五、不在承包治理的山区内乱采乱挖的原则

随着改革开放、市场经济的运作，部分山地进行了开发租用和承包。依法进行治山、治水、改造荒地，具有可持续发展的利益和有规划发展的生态前途。根雕爱好者应提倡爱护和尊重租用的承包者的利益与责任，避免采挖造成不必要的纠纷和法律责任。

六、遵守中国根艺学会的创作原则

中国根艺学会提出“变废为宝”的原则，“废”指被遗弃的枯木、树根，被遗弃的灌木、枝杈，被遗弃的废木、树桩、病树、瘿瘤等。如城市的工程建设、筑路中挖弃的根材，河道中冲死的根材，森林绿化中抛弃的断根，农村种地地边垒墙挖出的吸移根料等。创作者只要有审美的能力，寻材的决心，一定有取之不尽的根材。

1987 年 2 月北京召开的“全国根艺创作经验交流会”上有的同志讲“根材生长在泥土中根本无法看到它的形象，挖根者势必造成乱采乱挖的现象，对植被造成人为的破坏”。有的同志讲“由绿化工人挖出来的枯死小树很多，只要留心就可寻到合适的根材”。有的同志讲“在南方被废弃的根材四处可见，在森林地带常常看到一车车根材从林区和山地运来，基本是付之一炬当柴烧了”。东北地区的根艺创作者讲：“我们那里的根堆积如山，特别是河谷地带，被洪水冲下来的根堆积在河滩上，形态千奇百怪。根本不用挖树。”

笔者在山西的某一个乡村发现，河道中大山滑坡冲下来的根材好多好多，农民们种地收集回的烧火柴家家门前堆积成山。有一次在山地中游览，山中枯根、曲根随处可拣到，我和山西根艺学会会员芦文国先生消闲时，发现山坡上扔着一块枯枝。芦先生回家后细心雕琢出一个根雕“维纳斯”塑像，成品很美。要寻根，应在乡村寻根，在社会活动中“寻根"，而不是挖根。另一方面，要找到和寻到根材，应在国家和当地有关部门允许的情况下有计划地寻根并开发和组织根艺创作。

作为根艺爱好者应以实际行动，保护大自然以及维护生态平衡。这样不仅保护了人类自己，同时也保护了根雕艺术事业的健康发展。笔者在左权一个乡村，农民的柴火堆中购买了两根小根材，这个枯根笔者打磨光滑作了一个根雕笔架，也非常有趣（见图 9-3）。

图 9-3　笔架　路玉章

根艺创作要求我们，一方面不能以牺牲生态环境为代价，要以保护生态环境为前提，以可持续发展为重要内容。在发展根雕艺术产业的同时完善必要的法律法规体系，使根雕艺术在正确的道路上健康发展。另一方面根雕创作要严禁大规模地挖根，坚决制止乱采滥伐。不能由于经济利益的驱动和个人贪念去损国害民，应当积极引导和教育广大创作者拓宽发展的思路，开拓创新。

第三节　根雕艺术创新和发展

根雕的取材主要是在社会生活中，在自然界中寻找枯木断根，或从被遗弃的废料、废材中发现和利用。面对乱砍乱挖的现象，有必要改进和构筑根雕艺术发展的思路。

随着人们生活的普遍提高，人们开始崇尚自然的天趣和理性的艺术美，逐渐出现了“根雕热”。而且根雕艺术对人们生活环境的陈设和装饰业已形成了又一美术园地。我们所做的不应该是阻止和限制它们的发展，而是构建其创新和发展的目标。

图 9-4　卧孵　杨少华

一、提高创作技艺

根雕作品的创作，就是要敢想。一个废弃的树根，可造型的方式千变万化。只有细心琢磨，利用为先，才能取材不尽。俗有能工巧匠说：“好石匠不嫌弃石头的歪斜，物尽其用恰到好处。劣石匠专拣好石，垒不好石墙。”“好木匠不嫌弃木料的软硬，选料搭配，物尽其用，省工省料，别具一格。劣木匠只拣好料，废物成堆，废工废料，得不偿失。”

因为自然界有数不清的枯木断根，用不完的根料废材，所以我们根雕创作者，应树立废中取宝的指导思想。另一方面，只有制作工艺的提高，才能有材可取，合理利用，造福于人民。

根材不在大小，山西的王有师傅，就是一根小的根块，也要做个飞鸟，或是一个葫芦。

二、在枯木艺术上做文章

枯木的根、杆、枝、瘤等素材很多，具有一定的天然美的雏形。枯木是枯死的树木，或因木材存放不当虽腐而未全腐烂的树桩、树瘤、树枝。选其形、定其势、琢其美、理其质，造化其根雕艺术的天趣。

三、在树杈根艺上做文章

有些乔灌木的树根枝杈，其艺术美是取之不尽的。如剪树留下的枝杈，乔灌木的怪枝，有的创作者，能用审美的慧眼和个人的感悟，恰到好处地惟妙惟肖地加以利用。笔者利用一个枯死花椒树的树杈，一经去枝脱皮打磨，一个断臂的古人体艺术表现出来。请技工师傅在背后用 50mm 的钻头打一个圆孔，形成一件优美的人体笔筒艺术品。

还有的创作者剪些枯死的灌木枝杈，取其形貌和动势，配制出精致的博古架。在一个个博古框内制作了《体育大看台》《动物世界》《岭南盆景》等根雕作品。这些都克服了“巧妇难为无米之炊”之念。他们不去寻根料、不去挖树根，而是别具一格，突出了个性特点。从审美的想象中，从文学、书画、音乐、舞蹈、雕塑等艺术内容中找到了自我，拓宽了创作思路，使根雕艺术天地又增添了奇艳光彩的文化内涵。

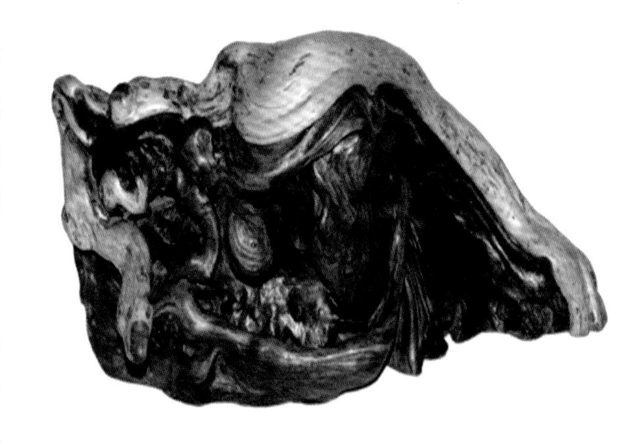

图 9-5　蛇出壳（黑荆木）　王有

四、在劈雕上做文章

合理利用奇特的树桩断枝。有的创作者用木工利斧可以劈出一定的形状，按着木材天然的纹理形成的动势并采用雕刻造型的手法，雕琢出各种美观而天趣自然的艺术品。同样具有天趣野味的自然生成之念。有的创作者利用断曲树枝，专门劈开利用的部分，在弯曲变化中和动势中寻找其美的意境。

五、拓宽根材收集渠道

根雕创作者寻根收集渠道的范围是广泛的。一些山区正常改造的工程中常常有挖出的根料，道路的改扩建工程也有很多遗弃的废根废枝，河道中常有冲刷出的根料，建筑工地常堆积一些不可利用的枯木，木材市场销售的地方常出现奇异的树桩，旧的民居山村闲置和存放的材堆、路旁堆积着很多的枯木根。只要创作者有心观察，就会发现自然界中的根料取之不尽，用之不完。

六、创新和发展种植取材

笔者多年从种树的研究中发现，根材的生成，尤其灌木根的生长情况是生成快，成材时间短。在一些沙石上，根的生长是随着山体沙石的形成层按着山中水分的多少、土壤的多少或斜、或直、或曲、或弯、或向水分存在的方向生长和发展着。如水分向下，根枝向下；水分向东，曲根在东；水分在北，曲根向北方。而且曲根生长的形状也是随着有水分地方的石块而变化，自然地绕石块形成了自然的弯曲。利用根材生长的这一特点，进行种植取材。在石块多、沙石少、有水分的平地或沙石地上，或者在改造工程中进行科学种植。选择易生根的灌木进行研究，发展为生长年期短、成材快的植物。

根料种植和环境保护相互支撑，根料种植有利于绿化，而且沙石块多的地方、垃圾成堆的地方进行合理利用，只要有水有石有肥，根块发育就快，如果把轮作和挖种相结合，在有规划的建设中发展根料种植，也是一种科技发展的经营之道。